見逃せない!

ヘンな信号機

固定観念を吹き飛ばす
「**おかしな信号機**」を大公開!!

丹羽拳士朗

ヘンな信号機 CONTENTS

はじめに

　街を歩いていれば必ずと言って良いほど目にする交通信号機。多くの人は何の興味もないどころか、むしろ赤信号で停止を余儀なくされることで、マイナスの感情を持って見ている場合がほとんどではないだろうか。しかしひとたびそんな信号機に注目してみると、実は1000以上の種類があり、中には斬新でユニークなものが全国各地に存在しているのだ。

　私はそれに魅せられて、全国各地の珍しい信号機を求めてひたすら旅してきた。そしてその際に撮影した写真は、自ら作成したホームページで紹介することをライフワークとしてきた。このたび、書籍という形で記録に残し、多くの方に信号機の魅力の一端に触れて頂きたく、本書を刊行するに至った。

　この本で取り上げる信号機はどれも見た目からして珍しい、面白いと思えるようなものだ。その中には例えば「車両用の信号機は青・黄・赤の3灯式である」、「歩行者用信号機は縦型の2灯式」といった信号機の概念を覆すようなものも多数あり、読者の方も驚くかもしれない。

筋金入りの信号機マニアの私としてはまだまだ取り上げたい信号機は山ほどあるのだが、その中でも選りすぐりのものを紹介しているので、面白く思って頂けること請け合いである。

なお、近年新しいLED信号機への更新が非常に盛んであり、ユニークな信号機の数は減少の一途を辿っている。変わった信号機は我々マニアにとっては面白いが、ドライバーや歩行者にとって混乱を招く場合もあるため、新しい信号機へ交換される際に通常のものに戻される場合も多い。これについては信号機マニアがとやかく言うべきことではなく、我々としてできることは残っているうちに精一杯撮影を楽しむことのみである。

この本で紹介する信号機もすでに撤去・更新済みのものもあり、それらはその旨を記載しているものの、筆者が把握しきれていないものもあると思われるのでご了承頂きたい。この本が読者の方にとって信号機を注目するきっかけとなることを切に願うとともに、少しでも信号機の魅力が伝われば幸いである。

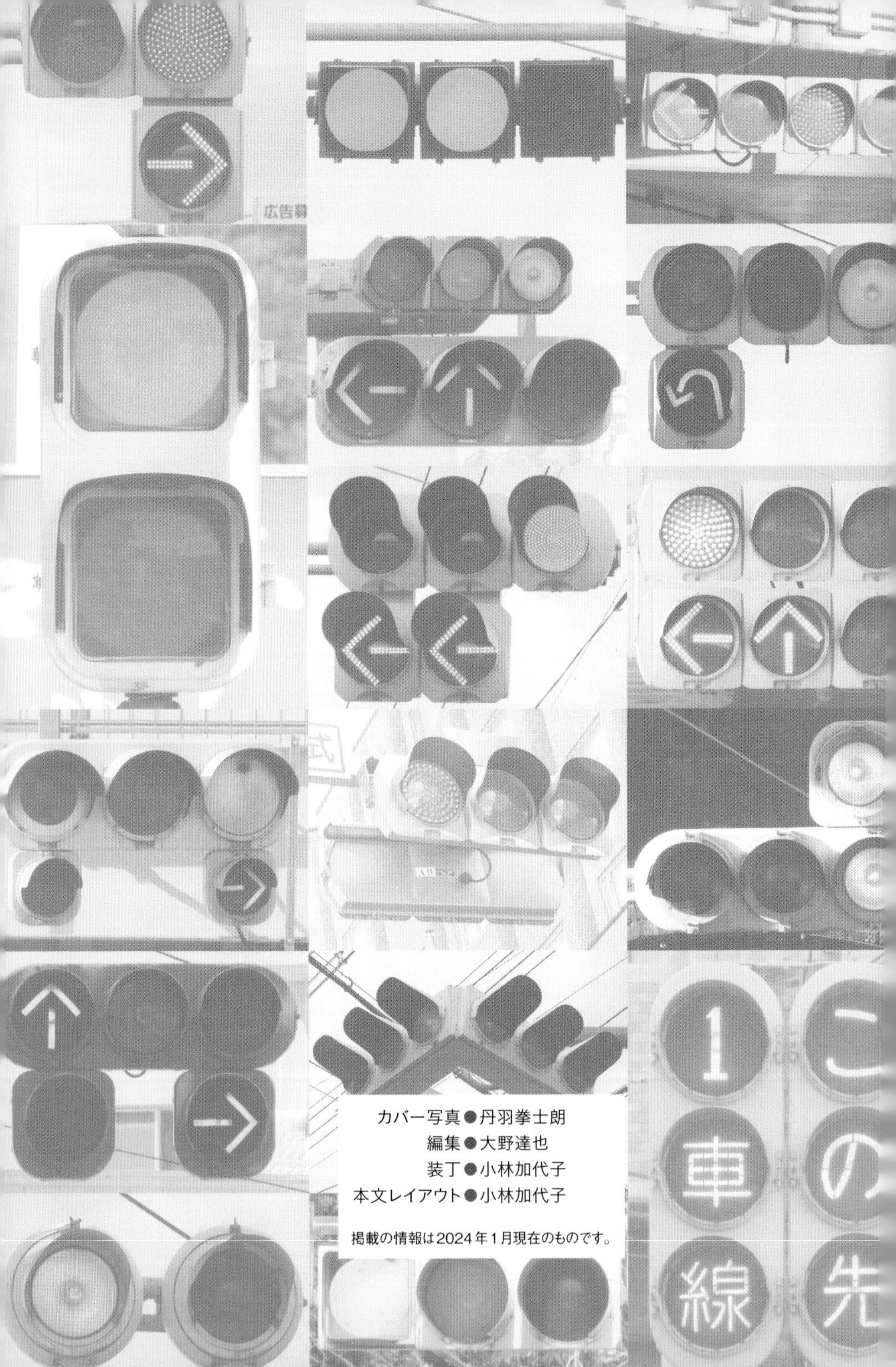

カバー写真●丹羽拳士朗
編集●大野達也
装丁●小林加代子
本文レイアウト●小林加代子

掲載の情報は2024年1月現在のものです。

第1章

変則配列（車両用）

車両用の信号機は青・黄・赤であるという常識を覆すような驚くべき信号機が、令和５年現在、一部の地域で設置されている。

その内容は様々。赤・黄・赤、黄・黄・赤、赤・赤・赤、黄・赤・黄といった青がない配列で、いつ進行すればいいのかわからないと突っ込みたくなるような信号機もあれば、逆に黄・青・黄、黄・黄・黄と言った赤がない信号機もある。

このような変則配列の信号機は一目見て面白いとわかるので、筆者は大好きだ。未撮影の箇所があればすぐにでも見に行きたくなるところではあるのだが、最近は通常の青・黄・赤の配列に戻す動きもあり、かつて赤・黄・赤や黄・黄・赤が多かった東京都では特殊な場合を除きほとんど見られなくなってしまった。一方で兵庫県や新潟県、山形県、茨城県、山口県、福岡県、熊本県など一部の県では、LED信号機になっても引き続きこの変則配列の信号機が採用され続けている。

赤・黄・赤で直進・左折矢印点灯時に左赤が点灯

サイクル変更済

（福岡県福岡市東区松島6丁目4「水処理センター前」交差点）

直進・左折矢印点灯時

福岡県では赤・黄・赤の信号機が現在でもいくつか残存している。青がない信号機なんていつ進めばいいのだと突っ込みたくなるが、福岡県の信号機の場合は大抵赤・黄・赤の灯器の下に矢印灯器が併設されている。福岡県では主に右折分離制御（直進・左折車と右折車を分けた制御）を行うとき、車を青ではなく矢印で進行させ、青は使用しないため、本来青であるべき部分を赤灯火にして設置しているようだ。

例の交差点であれば、基本的には直進・左折矢印が点灯しているときは左赤が点灯し、右折矢印が点灯するときと本来の赤のときは右赤が点灯するようだ。他県でも右折分離制御自体は都市部の主要交差点を中心によく見ることができるが、大抵は普通の青・黄・赤の信号機を使い、左にある青灯火は使わず（比較用参照）、右の赤＋直進・左折矢

右折矢印点灯時

比較用。他県では青不使用

赤点灯時

黄点灯時

印といった形で点灯している。なぜわざわざ左も青ではなく赤にして使用しているのかというと、おそらく右赤をずっと使うと、赤現示から赤＋直進・左折矢印現示への変わり目がわかりにくい（赤現示→赤＋直進・左折矢印現示に変わるとき、右赤が点灯し続けることとなる）ためだと思われる。

福岡県はLED信号機先進県で、すでに9割を超えており、県内にある赤・黄・赤もすべてLED信号機ではあるが、更新されてもなお赤・黄・赤がしっかり継承され設置されている交差点が10箇所以上存在する。かつて東京都にも同様の右折分離制御の交差点において、赤・黄・赤を設置する事例はたくさんあったものの、そのすべてが通常の青・黄・赤の通常の信号機（青不使用）に交換されてしまっている。

赤・黄・赤で左右の赤が同時点滅

（群馬県桐生市相生町4丁目43）

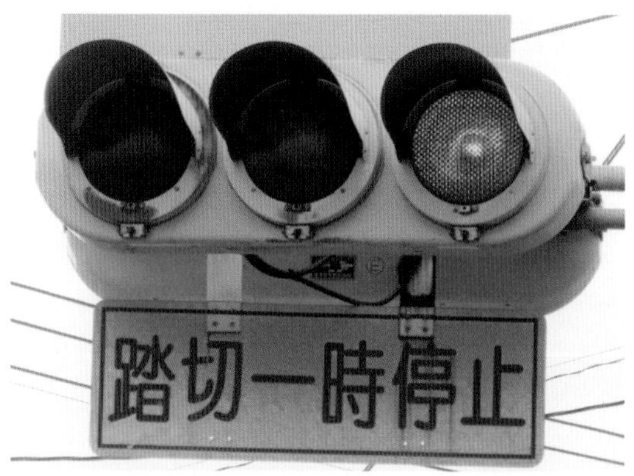

交差点の手前に踏切がある側。赤・黄・赤の右赤が点滅・点灯するのみ

交差点の奥が踏切となる反対側。ダブルで赤が点滅

群馬県桐生市の踏切に隣接する交差点に、他県の赤・黄・赤では見られない面白い動作をする赤・黄・赤の信号機が残っている。信号交差点のすぐ近くにある東武桐生線・上毛電鉄の踏切付近に2つ両面で設置されており、交差点の手前に踏切がある側のその赤は交差点の信号機に連動し、交差点の信号機が青のときは右赤点滅、黄・赤のときは赤が点灯して、踏切での一時停止を促している。左の赤は残念ながら使用しない。

一方、問題なのは交差点の奥が踏切となる反対側の信号機で、配列は同じなのだが、なんと左右の赤が同時に点滅する。踏切での一時停止を強調する意味だと思われるが、かなりのインパクトだ。こちらのほうは交差点の信号機の動作に連動していない。

3 黄・黄・赤

(兵庫県姫路市飾磨区鎌倉町「矢倉」交差点)

黄点滅時

兵庫県や新潟県では、変わった形状の交差点(五差路等)や踏切に隣接する交差点などで非常に多く黄・黄・赤の配列の信号機が設置されている(兵庫県にあるものは主に横型、新潟県にあるものはすべて縦型)。ここでは兵庫県のある交差点のものを紹介する。変わった形状の交差点や踏切など、見通しが悪かったり危険だったりする箇所で青現示で進行させるのが危険と思われる場合に、青の代わりに左黄が点滅する。真ん中の黄、赤は本来と意味合いとしては同じである。かつては東京都でも同じ制御のものがたくさんあったが、LED信号機へ更新するときに通常の青・黄・赤で真ん中の黄が点滅するタイプにほとんどが変えられてしまった。

黄点灯時

赤点灯時

赤・黄・赤と黄・黄・赤の交差点

（茨城県常総市水海道淵頭町）

更新前

● 踏切の奥側の信号機（黄・黄・赤）

黄点滅時

黄点灯時

赤点灯時

● 踏切の手前にある信号機（赤・黄・赤）

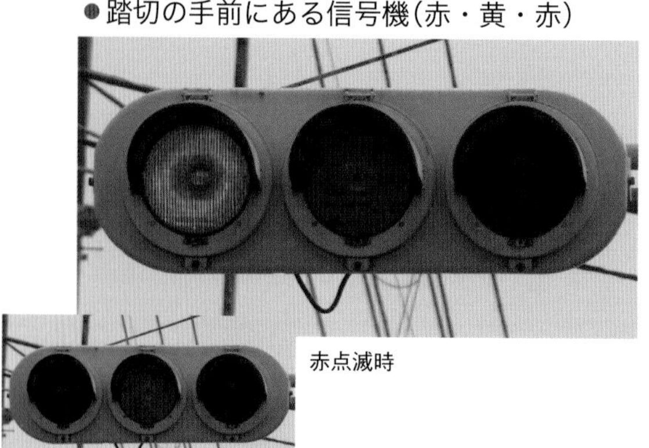

赤点滅時

黄点灯時

赤点灯時

茨城県では、数は多くないものの変則配列の信号機がいくつか設置されている。同県の場合は、踏切に隣接する信号交差点で採用しているケースが少ないながらある。

茨城県常総市の関東鉄道常総線水海道駅すぐ近くの踏切に隣接した信号交差点の例を紹介しよう。踏切の奥側にある信号機は黄・黄・赤、踏切の手前にある信号機は赤・黄・赤となっており、いずれも青がない信号機となっている。交差点の形自体は通常の十字路であるが、交差している道路が赤となり、本来この信号機がある方向の道路が青

更新後

●踏切の奥側の信号機（黄・黄・赤）

黄点灯時

赤点灯時

黄点滅時

●踏切の手前にある信号機（赤・黄・赤）

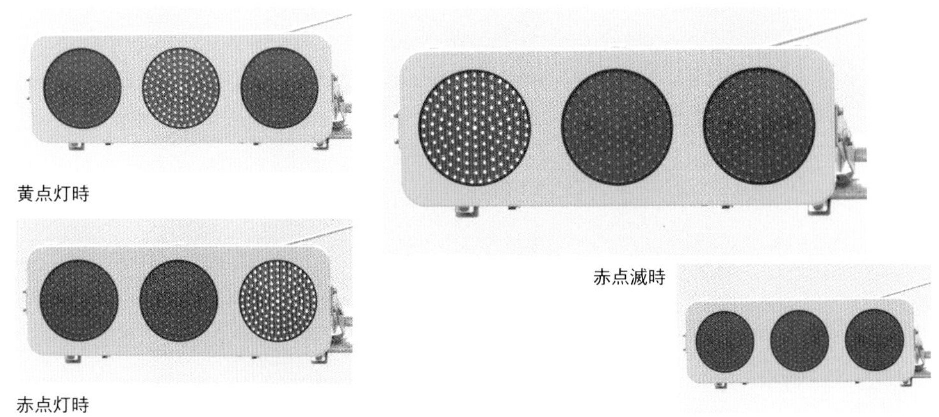

黄点灯時

赤点灯時

赤点滅時

となるタイミングで黄・黄・赤の信号機のほうは左黄が点滅し、赤・黄・赤の信号機のほうは左赤が点滅する。意味合いとしては、踏切の奥の黄・黄・赤の信号機は他の交通に注意しながら進むことを促し、赤・黄・赤のほうは踏切手前にある信号機となるため一旦停止後進行することを促している。

この信号機は令和４年まで電球式の黄・黄・赤、赤・黄・赤の信号機となっており、全国的にも貴重だったが、同年にコイトの低コストLED信号機に更新された。ただこの交差点の場合は黄・黄・赤、赤・黄・赤の変則配列は継続されているのが面白い。

赤・赤・赤

（東京都品川区八潮2丁目）

主道路側（赤・赤・赤）

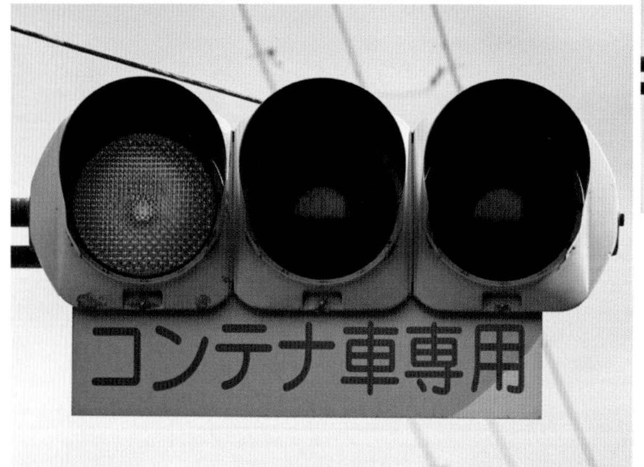

赤点滅時

赤点灯時

東京都には、なんと赤・赤・赤と赤しかない驚くべき配列の信号機も存在する。東京都品川区のコンテナターミナルにある信号機で、トラック等の大型車両が頻繁に出入りする交差点にある。普段は左の赤と真ん中の赤が交互に点滅していて、横断する歩行者が押しボタンを押すと右の赤が点灯し、歩行者用信号機が青になって横断することができる。従道路側には赤・黄・赤の信号機が設

コンテナターミナルの出口側(赤・黄・赤)

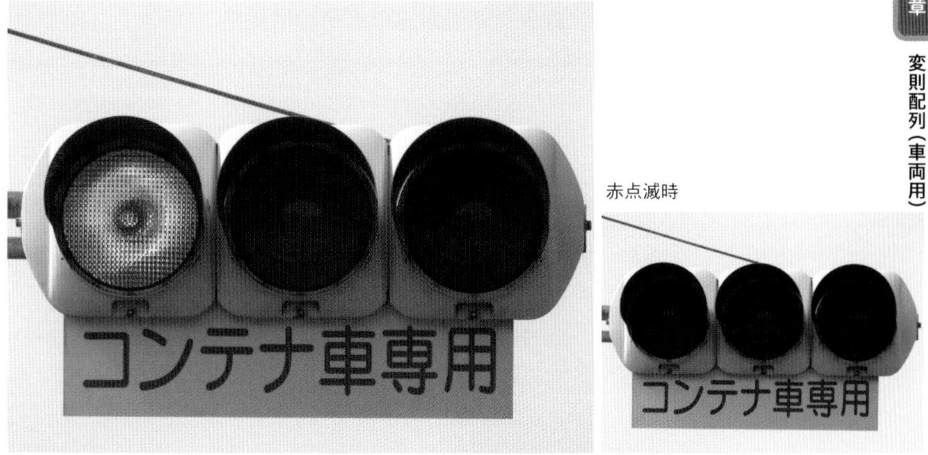

赤点滅時

黄点灯時

赤点灯時

置され、赤・赤・赤の信号機の右赤が点灯すると、左赤が点滅し、一旦停止のうえ進行することを促している。

この交差点がしっかりした丁字路とはなっておらず、大型車両が様々な方向から出入りするため、進行できるタイミングであっても常に赤を点滅させ、一旦停止してから進行させるようにしていると思われる。赤で一旦停止を促す場合は赤の1灯式を使用する場合が多いが、赤・赤・赤と3つ赤を並べる例は極めて珍しい。この交差点は赤・赤・赤、赤・黄・赤と2つの変則配列の信号機が楽しめる上に、東京都内では極めて珍しい電球式の信号機となっており(特殊な事情の交差点のため残っていると思われる)、二重に貴重な交差点となっている。

赤・赤・赤の偏光灯器 撤去済

（鹿児島県志布志市志布志町夏井）

赤点滅時

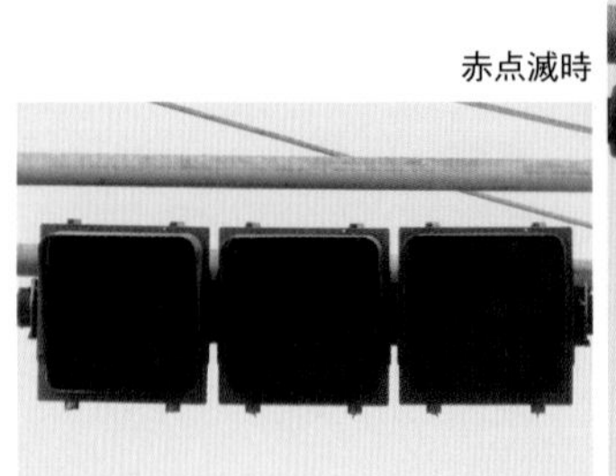

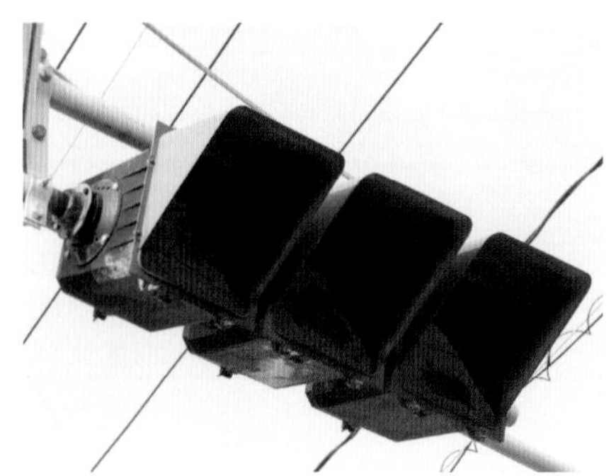

偏光灯器が使用されている

交差点の信号機とは連動していない

鹿児島県にも、東京都にあるものと同じく赤・赤・赤の信号機が令和4年まで存在した。志布志市のJR日南線大隅夏井駅すぐ近くの踏切の手前にそれぞれ2基設置されていて、隣接する交差点の信号機の動作に関わらず、常に左・真ん中の赤が点滅している。残念ながら右の赤は点灯しない。

赤・赤・赤というだけでもインパクトは抜群であるが、ここのものはさらにアメリカの3M社が製造したいわゆる偏光灯器となっており、レアさが際立っている。偏光灯器は通常連続する信号交差点や鋭角に道路が交わる交差点に、誤認防止のため特定の角度・距離から見えないように加工したものだが、この交差点の場合いずれにも該当しないため、なぜ採用しているかは不明である。

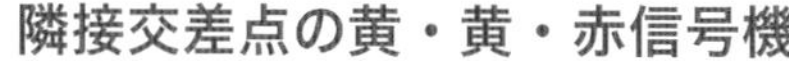

隣接交差点の黄・黄・赤信号機

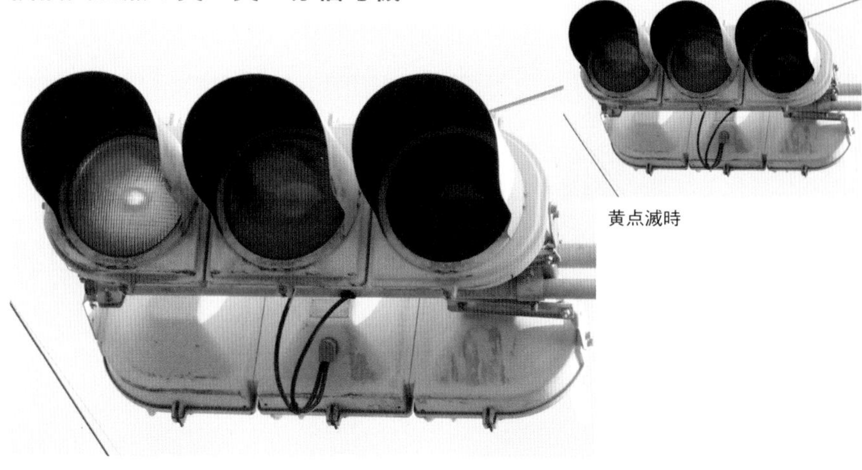

黄点滅時

黄点灯時

赤点灯時

この赤・赤・赤の信号機が設置されている理由は、信号交差点の手前・直後に踏切があるため、踏切での一時停止を促すもの。以前はおそらく列車が来て踏切が遮断されるときに右赤が点灯していたのではと思われるが、制御器が故障しているようで長きに渡って右の赤が点灯していないのは残念なところだ。

この踏切のすぐ近くの交差点の信号機も黄・黄・赤の信号機が設置されており、青の代わりに他の交通への注意を促すため、左の黄が点滅するサイクルとなっている。ここも赤・赤・赤、黄・黄・赤と変則配列の信号機が2種類楽しめる豪華な交差点だった。筆者は平成27年2月に宮崎駅から3時間かけて日南線で大隅夏井駅に出向き撮影しており、北海道から宮崎への交通も含めて非常に遠方ではあるものの、それだけしても行く価値はあったと思っている。

黄・青・黄の予告信号

（山形県・山口県）

山形県東田川郡庄内町余目

黄点滅時

青点灯時

山口県美祢市伊佐町伊佐徳定4924-3・低コスト型LED信号機の黄・青・黄配列へ更新済

青点灯時

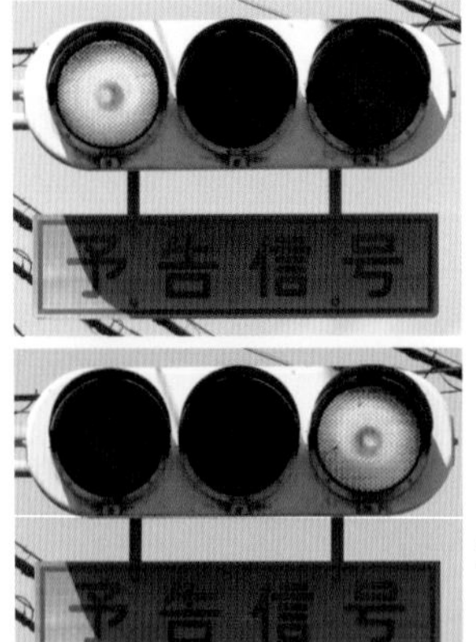

黄点滅時

山形県と山口県の２県で主に設置されている予告信号が、黄・青・黄配列の予告信号だ。真ん中が青、左右（縦型の場合は上下）が黄と、通常の配列の信号機とすべて配列が違う場所にあるので、非常にインパクトが大きい。前方の信号機が青のとき、この予告信号も青が点灯し、前方の信号機が黄・赤のときはこの予告信号は左右（上下）交互に黄が点滅する。

豪雪地帯である山形県では主に縦型、山口県では横型で設置されている。予告信号も最近は統一の流れがあり、変則配列を採用したものは少なくなる中でこの２県では今なお、黄・青・黄配列の予告信号が設置されているのが面白い。かつては静岡県でも少数設置されていたが、現在は絶滅している。

黄・赤・黄の予告信号 撤去済

（静岡県下田市東中8「下田警察署北」交差点）

黄点滅時

赤点灯時

静岡県で少数派ながら設置されていた予告信号が、黄・赤・黄配列の予告信号だ。こちらも真ん中が赤、左右が黄と、赤が真ん中でしかも青はない構成が強烈なインパクトを放つ。ここでは前方の信号機が赤のときは真ん中の赤が点灯し、前方の信号機が黄のときは左右の黄が交互に点滅するというサイクルになっている。元々数は少なかったが、ほとんどが更新時に黄・黄の2灯式に更新され、現在はごくわずかしか残っていない。

黄・黄・黄の予告信号

（熊本県合志市幾久富）

黄点滅のみ

熊本県で多く設置されている予告信号で、信号機マニアの間では熊本県の名物と認識されているのが黄・黄・黄の予告信号だ。全ての灯火が黄ということで、14ページで紹介した赤・赤・赤並みのインパクトがある（残念ながら青・青・青の信号機は存在しない）。こちらは前方の信号機の現示に関わらず、左右の黄が交互に点滅し続け、真ん中の黄は使わない。本来あるべき位置の真ん中の黄が点灯しないというのも面白い。LED信号機の世代になっても設置されているが、真ん中は点灯しないため、色は基本的に不明（使用しないため、LED素子が入っていないタイプや蓋をしているタイプもある）。

左矢印・黄・赤・右斜め矢印

（東京都文京区春日1丁目　「後楽園駅」交差点）

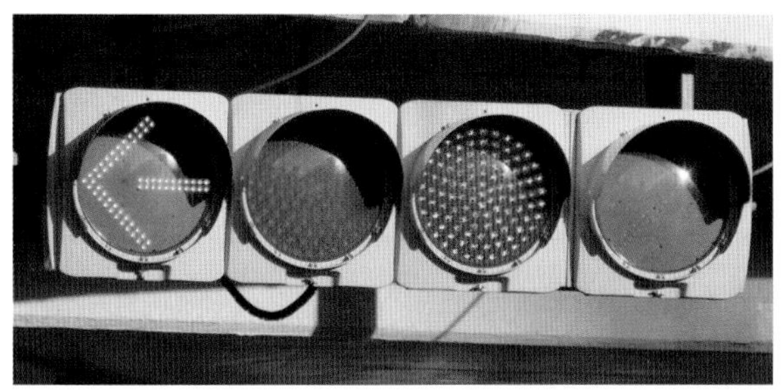

左折矢印点灯時

黄点灯時

赤点灯時

右斜め矢印点灯時

東京メトロ後楽園駅前にも変わった配列の信号機がある。ここのものは左矢印・黄・赤・右斜め矢印となっている。交差点自体は普通のＹ字路で非常に交通量も多い。矢印のみで制御する方向の道路があり、そちらは青を使用しないため、青の位置に矢印を組み込んでいるようだが、ここの場合は矢印が２方向あり、４灯式として設置されている。４灯式灯器に矢印を組み込んで青がなくなっている信号機は全国でもここのみである。なお普通であれば通常の青・黄・赤で青の下に左折矢印、赤の下に右斜め矢印を設置すると思われる。

この交差点は現在は薄型LEDの４灯式だが、電球式時代は矢印・黄・赤の３灯の横に右斜め矢印の１灯を設置した配置になっていて、矢印・黄・赤の下には交差点名を表記した板が設置されていた。矢印灯器を３灯の下に配置できなかったためこうなったと思われるが、薄型LEDになってからは交差点名の標識は撤去されたので、なぜわざわざ矢印を組み込んだ４灯式のままなのか理由が定かではないが、非常にユニークな信号機だ。

青のところに矢印組み込み

（山口県・千葉県）

山口県山陽小野田市新生1丁目「新生町」交差点

直進・左折矢印点灯時

右折矢印点灯時

黄点灯時

赤点灯時

千葉県千葉市稲毛区稲毛東3丁目「稲毛駅交番前」交差点 撤去済

直進・右折矢印点灯時（赤消灯）

黄点灯時

赤点灯時

左折矢印点灯時

山口県では青を使わず赤＋矢印で制御する交差点において、青の位置に矢印を組み込んだ信号機を積極的に設置してきた。ほかにも神奈川県や千葉県などでも同様の設置例があったが、すべてすでに青・黄・赤の配列の信号機に交換されている一方、山口県では一部ではある

山口県宇部市中央町1丁目(宇部新川駅前)(更新前)

左折矢印点灯時(赤消灯)

黄点灯時

赤点灯時

山口県宇部市中央町1丁目(宇部新川駅前)(更新後)

左折矢印点灯時(赤点灯)

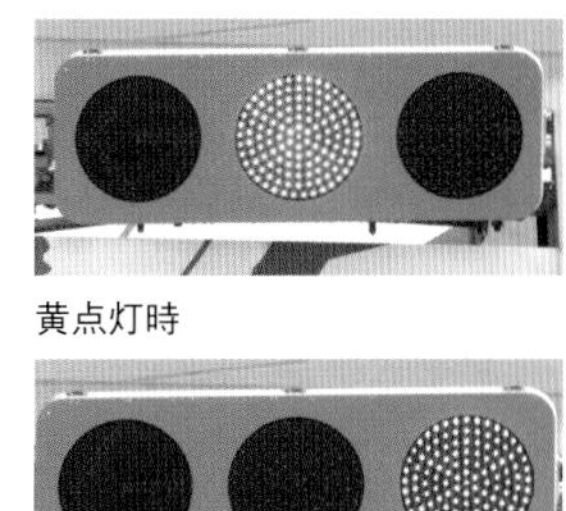

黄点灯時

赤点灯時

がLED信号機に更新されてもなお引き継がれた場所がある。おそらく使用しない青の代わりに矢印を組み込むことで節約の意味合いが強かったと思われる。

山陽小野田市にあるものはいわゆる右折分離制御の交差点で、青を使用する代わりに赤と直進矢印、左折矢印が同時に点灯する。かつては千葉市のJR稲毛駅前にも似た設置例があったが、こちらはなんと直進・右折矢印が点灯する際赤が点灯しない。また山口県JR宇部新川駅前の左折のみ可の交差点に設置されていた灯器も、青の代わりに左矢印のみが点灯する現示があった。ルール上、矢印は赤と同時に点灯させるべきだが、矢印が点灯すれば意味は伝わると推定し、赤灯火の電気代の節約も兼ねていたようだ。なお宇部新川駅前にあったものは低コスト灯器に更新されてもなお青の位置に矢印組み込まれたものが引き継がれたが、左折矢印点灯時、赤が同時に点灯するサイクルに変更された。低コスト灯器でかつ矢印を組み込んだ灯器は、この宇部新川駅前のものが唯一と思われ、変則配列の信号機が激減している昨今で新しく矢印組み込み灯器が設置されたことに驚きを隠せない。

黄色の矢印組み込み

（長崎県長崎市銅座町　西浜町電停付近）

黄点灯時

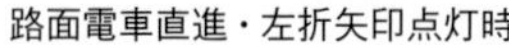

路面電車直進・左折矢印点灯時

赤点灯時

路面電車直進・車両右左折矢印点灯時

長崎市の中心市街地の西浜町という電停付近にも、矢印組み込みの信号機が設置されているが、こちらは黄の直進矢印が組み込まれている。通常の車両用の信号機はすべて矢印で制御し、青を使用しないため、矢印が青の位置に組み込まれていると思われる。路面電車用の黄矢印が組み込まれているケースはきわめて珍しく、全国でもここのみのようである。

18

左矢印・赤・右矢印

（奈良県奈良市あやめ池北2丁目）

左折矢印点灯時

右折矢印点灯時

赤点灯時

奈良県奈良市の近鉄菖蒲池駅近く、住宅街の非常に狭い道路にある丁字路交差点には、左矢印・赤・右矢印というこれまた驚くべき配列の信号機が設置されている。

この信号機が設置されている区間は片側交互通行となっており、通行可能な方向の矢印が点灯するという仕組みになっているが、青も黄もない信号機というのは非常に違和感があり、面白い。非常に狭い路地でスピードが出せないような箇所にあるので、黄を使用していないと推測される。同じ片側交互通行の区間には赤・黄・赤の変則配列もあり、ここも信号機マニアの聖地的な場所の一つである。ちなみにかつては静岡県浜松市にも、片側交互通行区間にある信号機で同じ配列のものがあった。

そもそも信号機の何が面白いのか

COLUMN

筆者は何度となくこの問いかけをされてきた。日本の信号機は数多くの種類があるが、それでいて基本的な形、大きさなどはある程度決まっていて洗練されている。そのフォルムに加え、幼少期から光るもの、そして色が好きだったので、それらの要素が合わさった信号機そのものが好きなのだ。同じ要素を含むものはイルミネーションなども該当するが、筆者の場合は青→黄→赤→と整然と動作する信号機が好きなので、イルミネーションにさほどの興味を持っていない。同様にして踏切や街灯にもそこまでの執着はない。ちなみにこれは物心ついたころからであり、幼いころ「信号さん、笑ってる」と親に言って、親がドン引きしたこともある。個人的には側面から見る信号機がとても大好きで、非常に穏やかな顔をしているように見える。

次に変わった信号機を見つける楽しさというのも大きい。信号機マニアというのは決して多くない。その一方信号機は全国に20万箇所以上あり、我々信号機マニアが積極的に活動し、X（旧Twitter）などで情報を盛んにやり取りしているとはいえ、見つかっていないレアな信号機が潜んでいる可能性はまだ十分にある。逆に、すでに見つかっている信号機であっても、最近は特に新しいLED信号機への更新が頻発しており、実際に見に行ったときになくなっているという場合も結構多く、ちゃんとレアな信号機が残っていて撮影できたときの喜びも大きい。こういった意味で、珍しい信号機がないかどうかストリートビューで探しているときを含めて宝探しのような楽しさがある。

分類分けの楽しさもある。信号機は種類が豊富であり、各地で撮影してきた様々な信号機を分類分けして紹介したりするのが面白い。またレアな信号機で、かつ各地に散らばって残っているようなものであれば、それを全部制覇できたときの達成感を味わうことができる。

さらに、変わった信号機が設置された理由を推測する楽しみもある。日本全国に変わった信号機がある中で、それが設置される理由としては交差点の状況や形状によることが多い。自分たちはあくまでも一マニアであり、信号機を管理する警察ではないので、設置理由などは推測にはなるが、その変わった信号機がどういう理由で設置されるに至ったかを考えるのもまた面白い。

第2章

ヴィンテージもの

近年、LED信号機の低コスト化なども手伝って、古い昭和40年代～50年代前半の信号機は減少の一途を辿っている。特に車両用信号機の現存する一番古い形態である角形信号機の3灯式のものは、令和5年現在絶滅寸前で静岡県、千葉県にわずかに残るのみとなっている。

歩行者用信号機についても、車両用信号機よりは昭和40年代の信号機が多く残っているが、それでも最近は急速にLED化が進み、数が減少している。平成27年くらいまでは東京都内でも角形信号機などのヴィンテージものの信号機がちらほら残存していたが、現在はすでに100% LED化が完了している。

今でも古い信号機が多いと言えるのは静岡県、大阪府、兵庫県あたりだろうが、これらの府県でも最近は古い信号機の更新が加速している。

ここで取り上げるヴィンテージものの信号機は、おそらく設置当時は珍しいものでも特徴のあるものでもなかった。それが時が経つに連れ淘汰されていき、数が少なくなってしまったものである。信号機の標準的な寿命は30年程度と言われており、昭和40年代の信号機であれば50年近くは稼動し続けているわけでかなりの長寿ということになり、錆びが進行し、視認性が低下している。

新しく見やすいLED信号機へ更新されていくのは当然のことであるが、古い信号機の経年劣化による錆びやレンズの色合いなどの古びたヴィンテージ感が好きだという信号機マニアは多い。かくいう自分も貴重な古い信号機は結構積極的に追いかけており、特に角形信号機は何年にも渡って必死に追いかけて撮影した灯器のひとつである。

全国最古の角形信号機 撤去済

（愛知県知多郡阿久比町「卯坂」交差点）

青点灯時

令和6年現在、角形信号機の3灯自体絶滅寸前だが、その中でも一際古い角形信号機が令和5年2月まで愛知県知多郡阿久比町の「卯坂」という交差点に残っていた。当時残存していた車両用信号機の中で日本最古と思われる灯器である。この灯器を製造したメーカーは小糸製作所であり、同世代の信号機自体10年くらい前から全国で数箇所レベルでしか残存しておらず、最近まで残っていたというのは非常に驚くべきことだ。昭和42年7月製で、撤去された令和5年2月時点では55年半稼動していたことになる。信号機の寿命が30年前後と言われていることを考えればものすごく長寿な灯器だった。

特徴をいくつか見ていく。まずレンズ部が電球式灯器のものに比べ、非常に黒っぽい。また信号機の筐体の塗装色が緑色になっているのも大きな特徴だ。現在でも景観に配慮し、観光地などで信号機を緑色に塗装している箇所はあるが、標準の塗装色は灰色がかった白色である。ただ昭和40年代までは緑色に塗装されるのが標準だった。その後、昭和40年代に製造された古い信号機も含め、現行の塗装色に上塗りがなされたが、ここのものはおそらく上塗りさ

赤点灯時

黄点灯時

れた白色の塗装が剥げて、元々の塗装色の緑色が表面に出ていると思われる。

さらに信号機の周りには緑と白の背面板が設置されている。かつては信号機の光が弱く、灯器を目立たせるためのもので、愛知県では特に歩道橋や高架などに信号機を設置する際は必ずといっていいほどあった。現在でも背面板自体は背景がにぎやかで信号機が目立たない場所などでは設置されている。

惜しくも撤去されてしまったこの灯器だが、廃棄されず愛知県警本部の展示スペースに展示されているそうなので、ぜひ訪れてみたい限りだ。なおこの世代の3灯式の角形信号機は絶滅してしまったが、黄の1灯式のものが兵庫県に残っており、それが次に紹介する灯器である。

全国最古の黄1灯角形信号機

（兵庫県神戸市須磨区白川台6丁目「白川峠」交差点）

黄点滅時

アームが平行になっている

銘板

前ページで令和５年２月に撤去された小糸製作所製の３灯式の角形信号機を紹介したが、１灯式であれば兵庫県にも同世代の角形信号機が令和５年８月現在も残存している。兵庫県の閑静な住宅街にある信号交差点の予告信号として、その黄の１灯式の角形は設置されており、交差点の信号機の動作に関わらず、常時黄が点滅する。

こちらは阿久比町のものと違い製造年月が銘板でわかり、1968年（昭和43年）1月製と表記されている。間違いなく、こちらも日本最古級の車両用信号機のひとつと言える。レンズの色がやはりこちらもやや黒みがかっていて、またアームが平行に直線上になっているのも他ではあまり見られない（通常小糸の古い信号機は下のアームが円弧状である）。

全国最後の両面一体型信号機

（山梨県西八代郡市川三郷町市川大門）

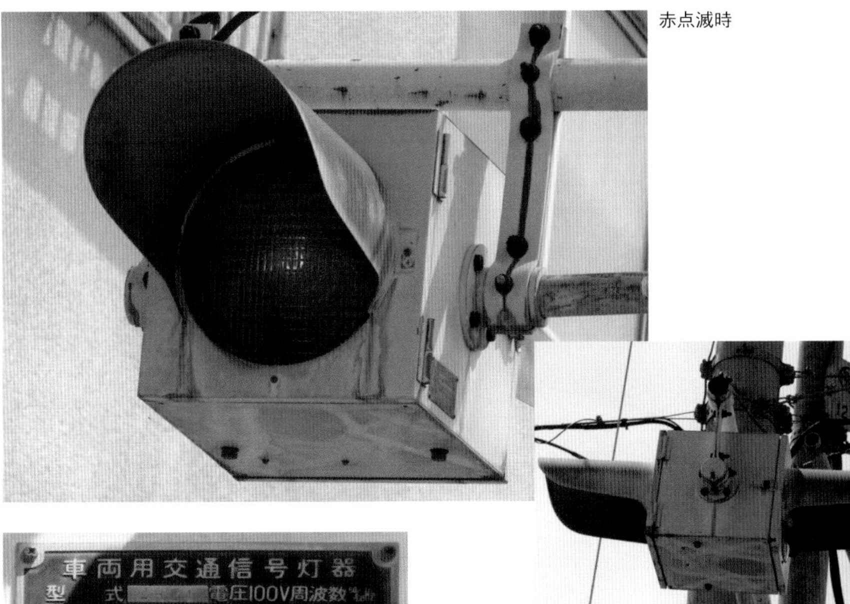

赤点滅時

側面

銘板

角形信号機の世代は今のように片面灯器を両面設置するのではなく、両面一体型の信号機となっていた。こちらも平成27年くらいまでは東京都内や愛知県を中心にわずかに残っていたが、それもすべて更新され、令和5年現在、両面一体型の3灯式の角形信号機はすでに絶滅している。

山梨県には1灯式ではあるものの両面一体型の角形信号機が令和5年現在残存しているが、ここが最後のものと思われる。以前の注目度はそこまで高くなかったが、現在は両面一体型自体がここにしかないということで多くの信号機マニアがこの交差点を訪れている。

押しボタン式の交差点で、従道路側は一時停止となっており、それを促すため、該当する両面の赤1灯式が常時赤点滅している。すでに主道路側の3灯（押しボタン式）のほうは低コスト灯器に更新済みだが、1灯式のほうは未だに角形で残存している。メーカーは小糸工業製で、昭和50年製と角形信号機にしては新しい部類に入る。

静岡県名物!? 包丁灯器

（静岡県静岡市葵区常盤町2丁目11）

正面

背面

静岡県は前述の通り、古い信号機が多く残っているが、その中でも他県に比べて小糸の古い信号機がたくさんある印象だ。特に我々信号機マニアにとって名物と捉えているのが、“包丁灯器”。昭和46年～昭和50年ころに製造されていた一番初期の小糸工業製の丸型灯器で、静岡県も含めまだ角形信号機も並行して製造していた世代だ。特徴は設置方法で、その名の通り上のアームが灯器に対して串刺しのようになっており、背面から見ると包丁の形のように見えることからその名が付いている。

かつては静岡県のほか、大阪府、宮城県でも近年まで残っていたが、急速に更新が進み、現在は静岡県でしか残存していない。静岡県では他県に比べてそもそも小糸製の古い信号機が非常に多いというのもあり、この包丁灯器もたくさんあった。古い信号機の更新がかなり進んだ令和５年末現在でも静岡市に数箇所残存している。

5 大阪名物の宇宙人灯器

（大阪府大阪市西成区津守3丁目1）

青点灯時

赤点灯時

大阪府も静岡県同様、まだ古い信号機がたくさん残っているが、その中でも大阪名物といえそうなのが通称“宇宙人灯器”である。京三の初期の丸型灯器で昭和46年ころから、一番新しいものでは昭和50年代末期まで設置されていた製造年月が結構長いモデルである。大阪府内では大量に残っており、さすがに昭和40年代のものはほとんどなくなってしまったが、50年代前半のものであればまだそこらじゅうにあり、一種の名物のひとつと言えそうだ。

宇宙人灯器というあだ名は、灯器の大きさが小さく余白が少ないため、レンズの部分を目玉に見立てるとリトルグリーンメンのように見えることから。この写真の交差点は大阪市内の高速道路の高架下で、宇宙人灯器の中でも古い昭和40年代の世代のものが残る。赤の色が橙色っぽく見えるのが特徴的だ。大阪府内でもこの世代のものはもうほとんど絶滅に近い。

大都市の都心に残る日本信号初代丸型

（大阪府大阪市北区天神橋3丁目3）

青点灯時

赤点灯時

側面

こちらも大阪府に残る古い信号機。日本信号の初代の丸型信号機だ。かつては愛知県でもよく見ることができたが、近年更新が激しくなり、同県にあったものはすべて更新済み。大阪府にあるものも大半が更新されたが、大阪市の都心といえるJR天満駅のすぐ近くにまだ残存している。

日本信号の初代丸型の特徴は庇が深いことだ。またここにあるものは青が黄緑色っぽく、赤が橙色っぽい色になっている。特に交通信号灯銘板世代となっているこのタイプは全国的にももうわずかしか残っていない。ここのものは昭和46年製と大変古いが、天満駅周辺にはこの他にも同じタイプのものがもう1つあり、古い信号機が集まる地区となっている。

日本最古の歩行者用信号機

（兵庫県神戸市中央区相生町3丁目（JR神戸駅前））

正面

側面

銘板

続いては歩行者用信号機。車両用に比べると比較的まだ昭和40年代のものが多く残っているものの、同年代前半のものとなるとかなりもう数は限られている。令和4年には長野県松本市に残っていた昭和43年製の小糸製の歩行者用信号機が撤去。また静岡県浜松市にあった日本信号製の古い歩行者用信号機も撤去され、令和5年8月現在日本最古と言える古い歩行者用信号機は、兵庫県神戸市のJR神戸駅前に設置されているこの歩行者用信号機だ。

いわゆる弁当箱型とよばれる分厚い信号機で、その筐体自体は後代の弁当箱歩灯とほとんど変わらないが、銘板が背面ではなく側面に付いていることと、青の庇が赤よりも短いことなどの特徴がある。この特徴を持ったモデル自体もうすでに全国でこの神戸駅前のものしかない。レンズは残念ながら当時のものではなく後代のものに交換されてはいるものの、歩行者用信号機が導入されて間もないころのモデルが大都会神戸のJR駅前に未だに残っているというのは驚きである。

2基セットの角形信号機 撤去済

（神奈川県川崎市幸区小倉5丁目「末吉橋」交差点）

正面

こちらはすでに撤去済みのヴィンテージものの信号機。神奈川県によく設置されていた2基セットの角形信号機だ。角形信号機は両面に設置する際、両面一体型のものが主流で、その場合角度調整ができなかった。そこで、交差点の形状に応じて見やすい角度に調整するために、2基セットの角形が神奈川県や山梨県などで設置された。

一見、片面の灯器を2つ背中合わせで設置しただけにも見えるのだが、銘板が2基で一つしかなく、銘板の形式も"2"H33となっており、両面灯器と同じ形式となっている。片面灯器を角度調整しながら2方向に設置したという意味では、現在の灯器の設置方法の先駆けと言えるかもしれない。また表側に灯器のレンズなどを開ける蓋があり、背面はフラットとなっているので、両面一体型を真ん中で切ったようなイメージになっている。

2基セットの角形は近年まで神奈川県だけ著しく多く残っていた。この種類の角形自体、京三製作所製のものしかないため、京三の古い信号機が非常に多かった神奈川県によく残っていたのかもしれない。ちなみにレンズ径は300㎜のものと250㎜のものがあり、250㎜のも

全景

銘板

のは近年では山梨県で1箇所のみ設置が確認されていただけで、神奈川県のものはすべて300㎜だった（神奈川県は元々ほぼほぼ300㎜しか採用していないという背景がある。昔は250㎜のものもある程度設置されていたのかもしれないが、資料なし）。

平成27年くらいまでは神奈川県内の各地に10箇所程度残っていたが、撤去が進み、令和3年時点では1箇所しか残っていなかった。最後に残ったのは川崎市の「末吉橋」という交差点で、この2基セットの角形のほか、通常の片面の300㎜角形もあり、交通量の多い主要な交差点でよく残っているなという印象だった。この信号機が撤去される年には付近を走行する臨港バスの公式Xアカウントでも話題にするほど知名度はアップ。撤去間際に100人以上の信号機マニアが訪れた。橋梁の架替工事などを含む大規模な工事が交差点周辺で行われ、令和3年12月9日に撤去された。

矢型矢印・包丁300㎜ 撤去済

（大阪府大阪市港区弁天4丁目1「安治川大橋南詰」交差点）

矢形矢印点灯時

矢形矢印拡大

包丁灯器300㎜前面

包丁灯器300㎜背面

矢印灯器の矢印の形状は、昭和40年代の古いものと現在のものでは形が異なっている。現在は直線状の矢印だが、かつては通称、矢型矢印と呼ばれる形がややいびつな尖った矢印だった。小糸製の矢印は昔から今の直線状のものを使用していた一方、矢型は日本信号・京三の矢印で主に使われていた。

矢印灯器は大規模な主要交差点に設置されるという背景もあって、古い角

貴重な灯器が集まる交差点だった

形や初代丸型の古い矢印の淘汰が3灯式よりも早かった。そのため筆者が積極的に撮影活動を始めた平成26年時点で、この矢型矢印は大阪市の「安治川大橋南詰」という、JR弁天町駅にほど近い国道43号沿いの交差点に1基あるのみとなっていた。

この信号機は日本信号初代丸型の赤・黄・赤灯器に宇宙人灯器の矢型矢印の組み合わせとなっていて、3灯のほうも大変貴重なものとなっていた。さらには主道路の国道43号側には日本信号初代丸型のほか、小糸の包丁灯器の300㎜もあり、こちらも平成26年時点で日本全国で最後の激レアもので、貴重な信号機が大集結するまさに“聖地”のような交差点だった（包丁灯器の250㎜は現在でも静岡県に金属製のものがあるが、300㎜のものは金属製・FRP製ともにかなり早い段階で絶滅済み）。

平成26年8月23日には、信号機マニア総勢8名が集結し、大規模なオフ会を開催したことも我々信号機マニアの間では印象に残っている（筆者も参加）。同年のうちに惜しまれつつ撤去され、矢型矢印は絶滅した。このような貴重な灯器がたくさん集まった交差点が、大阪市の都心のJR駅の真ん前の二桁国道沿いに近年まであったこと自体が驚きである。

二段重ねの角形信号機 撤去済

（愛知県みよし市・安城市）

愛知県みよし市明知町小池下「下明知」交差点

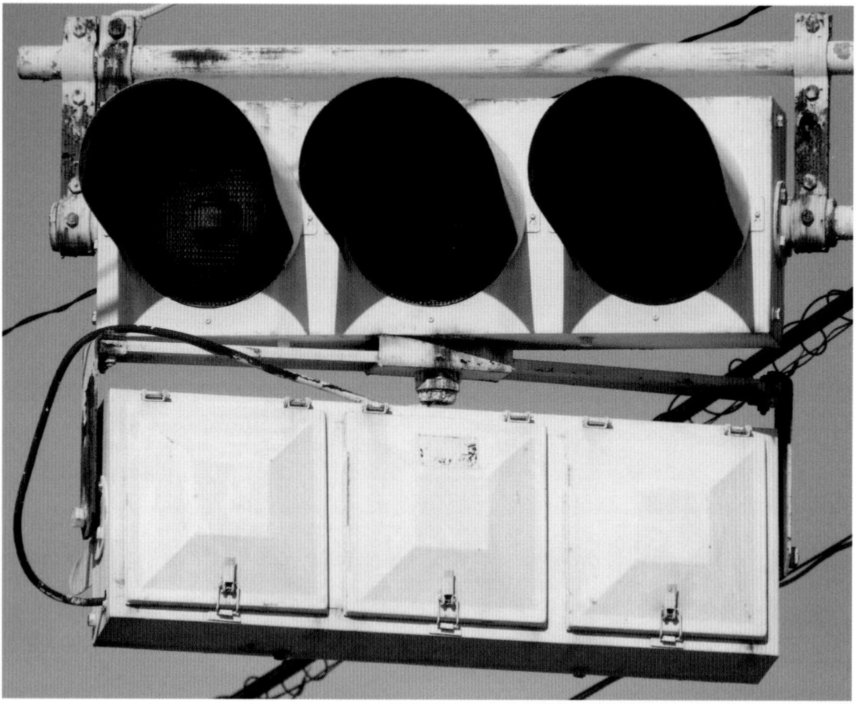

設置状況

全景

こちらもすでに撤去済みの角形信号機の紹介だ。36ページでも触れたが、かつては灯器を設置する際、両面一体型のものがメインで設置されていた。角度調整のため、2基セットのような設置例のほかに、片面灯器を上下に2段重ねて設置した事例もある。

平成27年くらいまでは愛知県内に何箇所か残存していたが、平成30年までにほとんど撤去され、みよし市の「下明知」交差点を最後に絶滅してしまった。

愛知県安城市安城町拝木1-6
「安城町宮地」交差点と「安城町清水」交差点の中間

全景

設置状況

また、同じ愛知県の安城市に予告信号として黄・黄の2灯式で上下に設置されている交差点があり、こちらは令和4年ころまで残存していたが、その後通常設置（両面設置）の薄型LEDに更新されてしまい、二段重ね設置の信号機はこれをもって絶滅した。ちなみにこの二段重ね設置はかつては京都府にもあり、古い角形信号機と丸型の二段重ねがいくつかあったようだ。

路面電車用の角形信号機

（札幌市中央区南4条西7丁目1-1　資生館小学校前電停付近）

正面

背面

全景

北海道はLED化率が長年最下位をキープしているが、アルミ灯器を採用し始めた時期に積極的に更新を行った背景もあり、そこまで古い信号機は多くはない。ここでフォーカスを当てるのは路面電車用の信号機。他の地域の路面電車用の信号機含め、通常の信号機と更新時期が違うのか、路面電車用のみ古い信号機となっているところもちらほら見られる。

札幌の繁華街すすきのにほど近い、資生館小学校前電停の交差点に1基のみある路面電車の黄左矢印は、京三筐体の角形300㎜となっており、角形の矢印灯器自体全国的にもかなり早く淘汰されたため、非常に珍しい。残念ながら銘板がないため、製造年月は確認できない。3灯式の縦型のほうは平成製の日本信号銘板の電材OEM灯器である。ちなみに路面電車用のみLED電球化されているようで、この古い角形の黄矢印はまだまだ使われる予定なのかもしれない。

第3章

偏光灯器

交差点が短い距離で連続している交差点（それぞれ信号サイクルが違う）や道路同士が鋭角に交わる交差点などで、見間違いを防ぐために敢えて信号機の色がわからないように工夫することがある。

具体的には、交差点が連続している交差点であれば、手前側から奥側の信号機が見えないように奥側の信号機にルーバーとよばれる網の加工をしたものを設置し、ある程度その信号機に近づかないと見えないようにしてある。こうすることで連続する交差点の手前の交差点にいる車は、誤って奥の信号機を見てしまうことがなくなる（距離制限）。

また道路が鋭角に交差する交差点でも同じように、正面からは見えるが、斜めに角度をずらすと見えなくなるような網で加工した信号機を設置する。こうすることで誤って違う方向の信号機を見て衝突事故を起こすことを防ぐ（左右制限）。

ルーバー庇には形で大きく分けて2つあり、信号機のレンズに沿った形の丸型ルーバーと、四角く囲われた四角ルーバーがある。元々は丸型ルーバーしかなかったが、信号電材が四角いルーバーを開発し、誤認防止の性能が格段にアップした。このルーバー庇自体は全国各地の連続交差点や鋭角交差点において見られるものである。

ここではそのようなルーバーではなく、レンズ自体に誤認防止の加工がされている“偏光灯器”をご紹介しよう。

偏光灯器

（石川県能美市大成町り「大成中央」交差点）

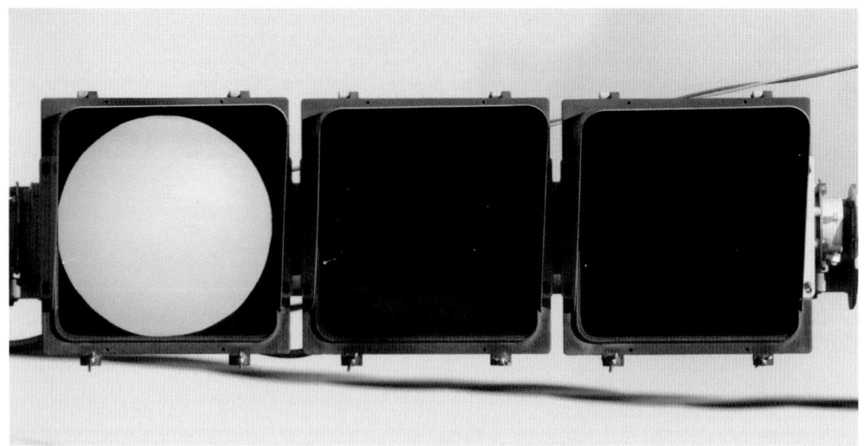

正面から

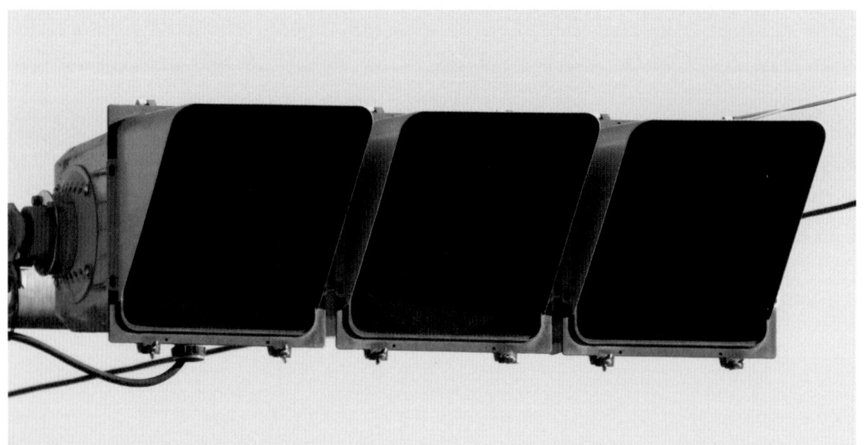

斜めから。色が分かりづらくなっている

写真の偏光灯器はアメリカ3M社製の特殊な灯器を採用したものだ。四角ルーバーが採用される前、誤認防止では丸型のルーバーが採用されていたが、機能がイマイチだったせいもあってかアメリカから輸入した偏光灯器を採用する県があった。基本的に先述したような左右制限機能や距離制限機能が付いたものがあるが、見た目がかなり特殊で、日本の信号機と違いレンズの部分が四角く（実際に光るのは丸い）、レンズ以外の灯器の幅がまったく無く、単純に四角

全景

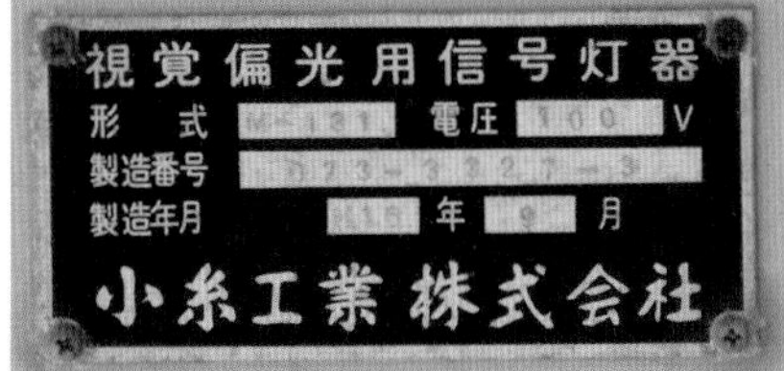

銘板

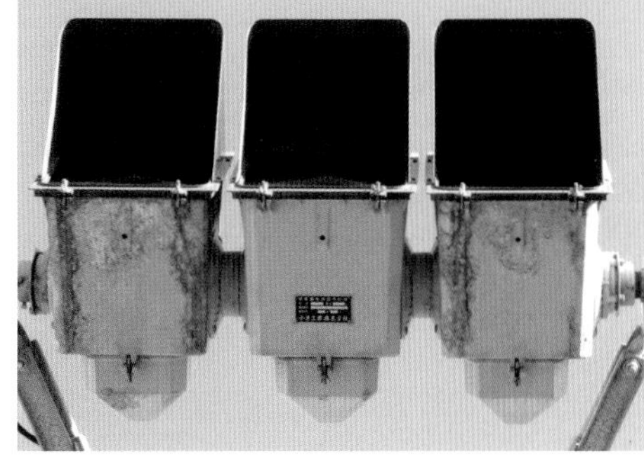

下面

背面

側面

いレンズを3つ並べただけのような非常に奇抜な形となっている。背面には3Mの文字が刻印されている。

特殊な電球を使用しており、現在では製造中止になったこともあって撤去が進んでいる。この灯器が多くあったのは滋賀県だが、すでに絶滅済み。今は千葉県、石川県にそれぞれ1箇所ずつ残るのみである。角度を少しずれたりすると色がまったくわからなくなり、設置当時にしては優れた性能だった。現在でもアメリカではほぼ同型の3M社製の信号機が大量にあるそうなので、いつかぜひ見に行ってみたいところだ。

偏光組み込み灯器 撤去済

（千葉県・山梨県）

千葉県市川市相之川１丁目「広尾防災公園入口」交差点

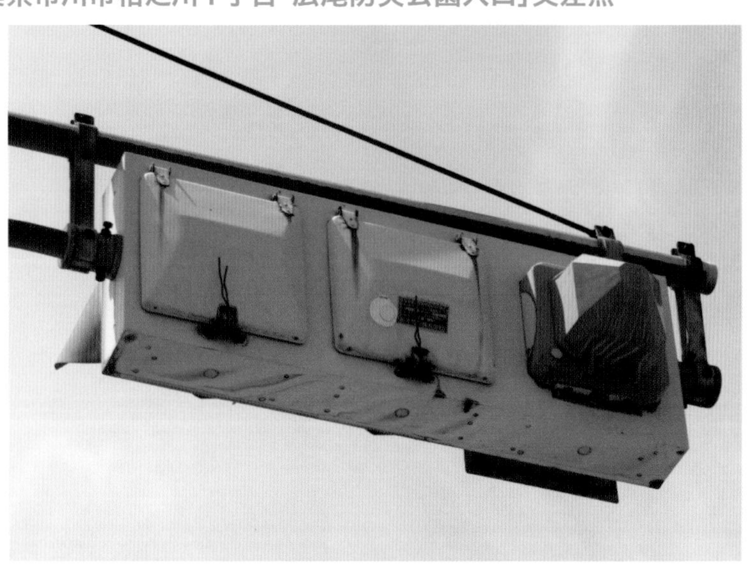

背面

赤点灯時

青点灯時

先述の青・黄・赤すべてルーバー庇の場合もよくあるが、誤認防止という観点で言えば、自分が見るべき信号機が青ではないのに青灯火であるという判断をしなければ衝突事故にはならない。ということで、最低限青のみルーバー庇といった信号機も全国各地で多い。一部の県では青だけ偏光レンズを無理やり組み込んだという信号機もわずかながら設置された。この青だけ偏光レンズがかつて多かったのが千葉県だ。

千葉県市川市にかつてあった青だけ

千葉県柏市柳戸

青点灯時

赤点灯時

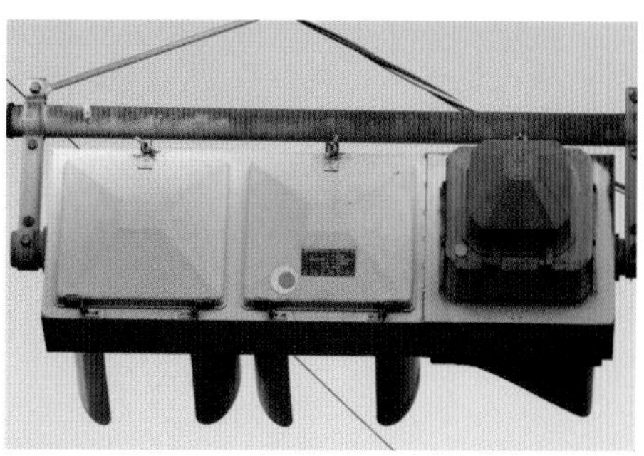

背面

偏光レンズの信号機は、日本信号製の300㎜の角形となっておりそれだけでもヴィンテージものとして大変貴重だったが、さらに青だけ偏光レンズが組み込んであった。従来の日本製の信号機と3M社製の信号機では奥行きなどが全然違うため、青だけ後ろに出っ張ったような形になっているのが印象的だった。この

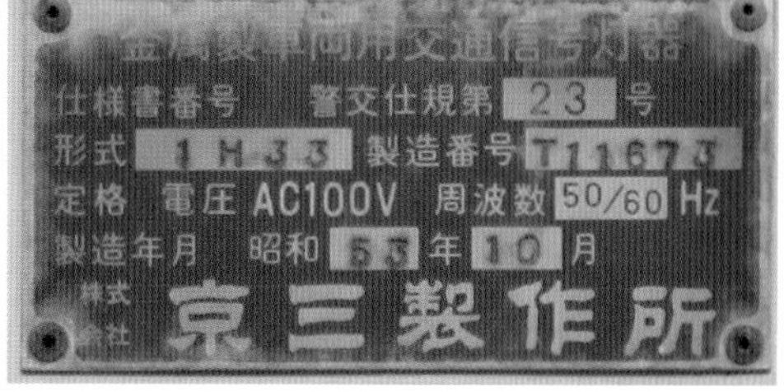

銘板

山梨県南アルプス市「桃園一」「桃園二」交差点

青点灯時

背面

側面

交差点に1基のみあったが、それはここが鋭角交差点であり、正面以外から青の灯火が見えないようにするためだったと思われる。なおこの箇所のものは組み込まれている青の偏光レンズがなぜか丸く光るのではなく四角く光るようになっており、不気味さが増していたのも面白い。

このようなヴィンテージものの角形信号機で、かつ偏光レンズを青に組み込んだものは同じ千葉県柏市にもあり、千葉県のネタの象徴の一つだったが、現在はいずれも更新済みである。山梨県でもかつては偏光レンズを組み込んだ信号機が多かったが、こちらもすでに絶滅済み。

第4章

集約設置・集約灯器

狭い路地の十字路交差点など4つの電柱を立てるスペースがないような交差点で、4方向の信号機を一つに集約してしまった信号機が全国的にわずかながら設置されている。ここではそんな集約設置・集約灯器を見ていこう。

集約設置・集約灯器

（広島県・大阪府・滋賀県・栃木県）

広島県江田島市江田島町中央５丁目「江田島保育所前」交差点

全景

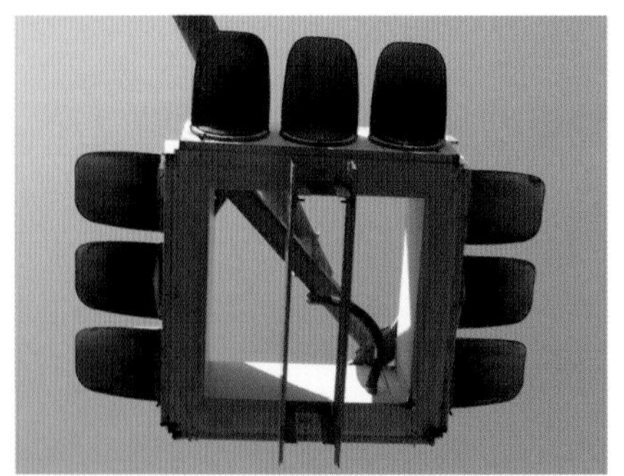

下面

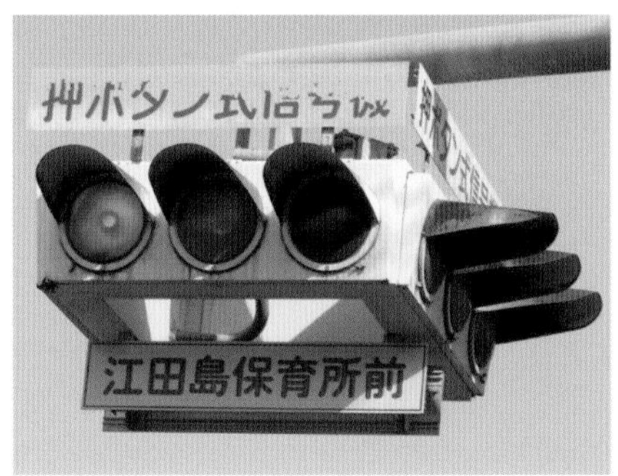

青点灯時

集約設置・集約灯器には、ただ通常の信号機を４つ集めて設置したものと、灯器自体４方向くっついたものとして製造・設置されているものの２種類が存在する。前者のものは茨城県、栃木県、岡山県などで時折見られるが、後者の灯器自体くっつけて集約したいわゆる集約灯器は非常に数が限られている。

大阪府大阪市東成区中本5丁目9

全景

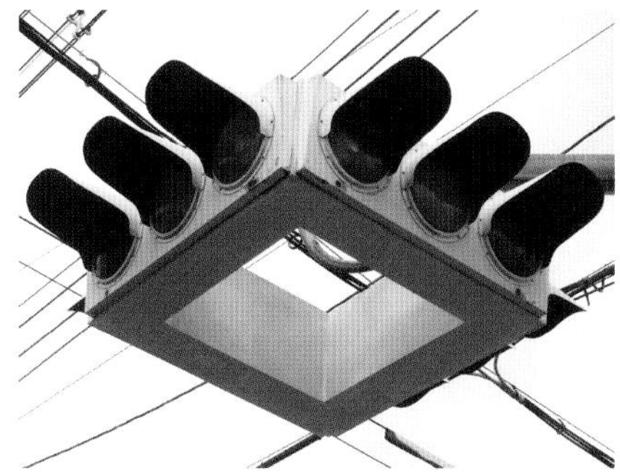

下面

赤点灯時

銘板

青点灯時

滋賀県長浜市南呉服町

赤点灯時

下面

全景

かつては広島県に多かったが、撤去が進み、県内のものは呉から程近い離島の江田島に1箇所残るのみである。ちなみにそれは丁字路に設置されているため、3方向集約となっている。大阪府大阪市にも1箇所設置されており、名古屋電機工業という珍しいメーカーの信号機となっている。

滋賀県長浜市の中心部には、おしゃれな集約灯器がある。後に紹介する宮城県のもののように歩行者用は集約されているわけではなく、別にアームを用意して設置されている。橋のすぐ袂に交差点があり、狭くスペースがないことか

栃木県宇都宮市泉町

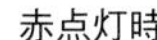

赤点灯時

下面

全景

ら車両用の信号機を4方向集約したと思われるが、観光地の黒壁スクエアがすぐ近くにあることもあってか、茶塗装で形も非常に印象的なものになっているのがポイントである。また歩行者用の信号機にも四角錘状の屋根が付けられている。アームの電柱への取り付け部分を見てみると可動できるようになっており、祭りの山車などがここを通る際に、アームを動かしてぶつからないように工夫されている。

これらの集約灯器が更新される場合、大抵は通常の灯器を集約して設置される“集約設置”となる場合が多い。

集約設置・集約灯器（歩行者用・車両用集約）

（宮城県・愛知県）

①の応用編とも言えるのが、車両用も歩行者用も集約している信号機だ。現在では宮城県のみで確認されており、LED信号機への交換が進んだ令和５年末時点では県内４箇所にしか残っていない。

集約設置ないし集約灯器があるような場所は、大抵狭い交差点のため、歩行者用信号機はそもそも無い場合が多い。ところが宮城県仙台市の路地の交差点には、車両用の信号機４方向のみならず、歩行者用の信号機４方向分も集約した灯器が昭和54年ころから昭和末期まで設置された。

車両用信号機と同じ位置に歩行者用信号機もあることになるわけで、歩行者が見るにはいささか見難いのは否めないが、なかなかユニークな信号機だ。この信号機も名古屋電機工業製となっている。交差点の真ん中に吊っているような形になっていることもあってUFO型と呼ばれていたりする。歩行者用・車両用と一度に点灯する灯火の数が非常に多いため、圧巻である。

かつては仙台市を中心に宮城県内に30箇所近くあったようだが、LED信号機への交換や止まれ標識への格下げなどにより撤去が進み、数が激減した。正直宮城県の名物といえば個人的には牛タンよりもこの信号機であるというイメージが筆者の中ではあり、同県からこの信号機が姿を消すのは非常に残念である。

この歩行者用・車両用集約灯器にはバリエーションがあり、斜めに道路が交差する箇所で角度を調整するために形がひし形っぽくなっているものや、交差する道路が狭い箇所などで歩行者用が潰されているものなどがある。

名古屋電機工業の地元・名古屋にも似たような事例がある。こちらは薄型LEDで、かつ集約灯器ではなく通常の灯器を車両用４方向、歩行者用４方向（横向き）設置にしたものだ。市内の繁華街の大須にこの信号機は設置されている。薄型LEDへ更新される前は、宮城県にあるものと同じ名古屋電機工業製の車両用と歩行者用が一体となった集約灯器が設置されていたそうだ。LED化時に通常の設置になってしまいそうなところではあるが、あえて薄型LEDになっても似たような設置が引き継がれたのは非常に興味深い。灯器は歩

宮城県仙台市泉区南光台4丁目28 撤去済

●スタンダード

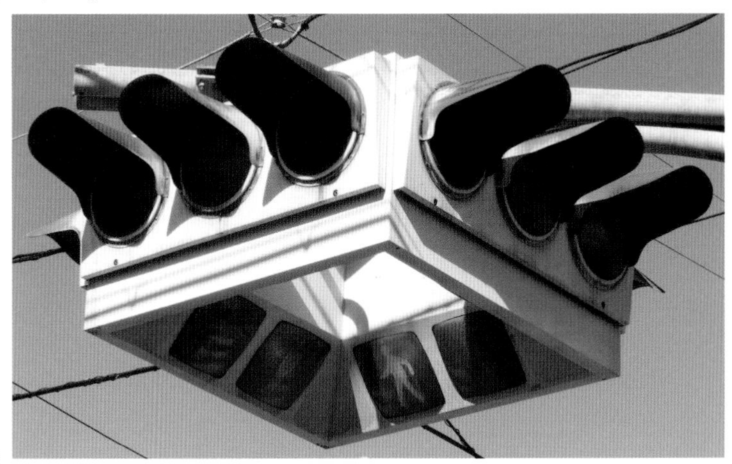
斜めから

正面

行者用・車両用ともに他でも見られる信号電材製の薄型である。

交差点も集約設置をしている割には広く、歩行者が見難いにも拘わらず敢えてこの設置が継続されたのは、ある意味大須のこの商店街のモニュメント的な意味もこめられているのではと邪推してしまう面白い信号機だ。

銘板

宮城県仙台市若林区三百人町 撤去済

●ひし形

正面

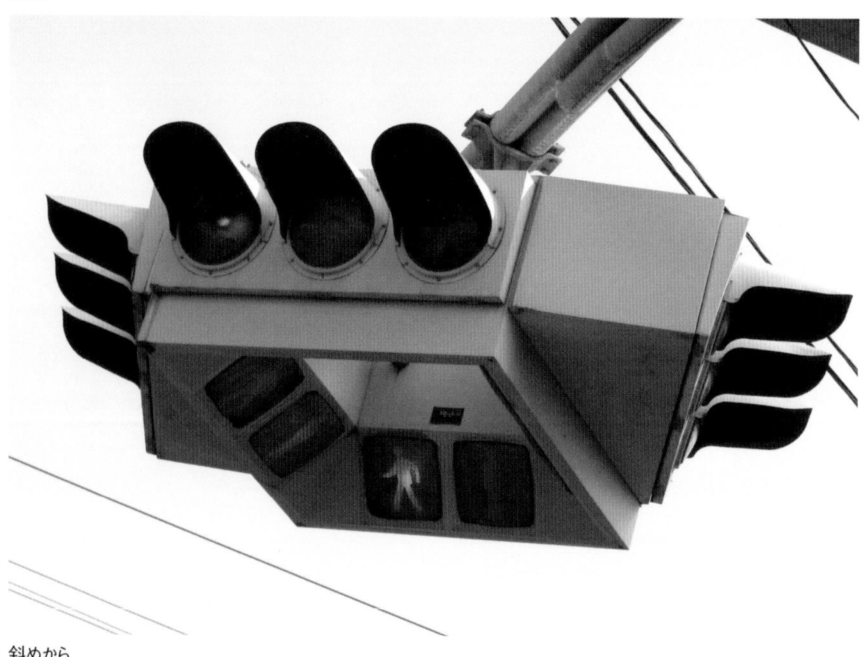

斜めから

宮城県仙台市泉区山の寺1丁目33 撤去済

●歩灯なし

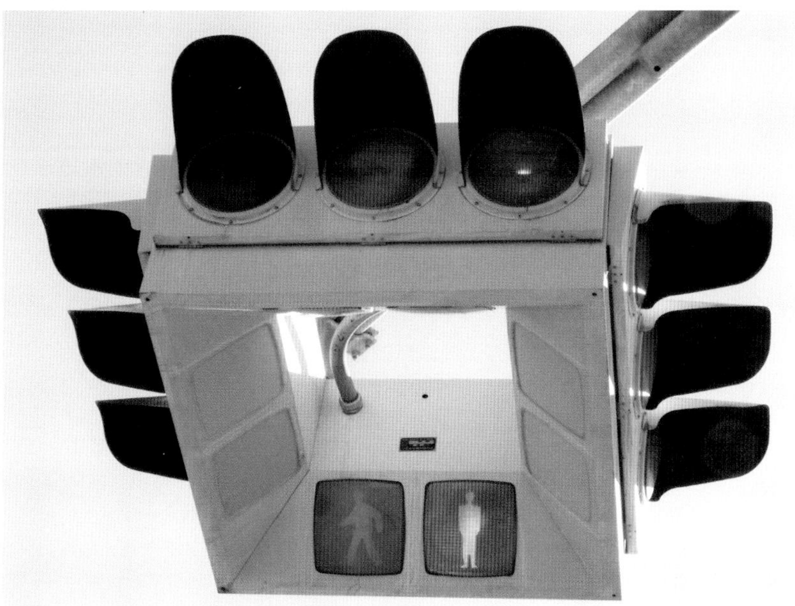

正面

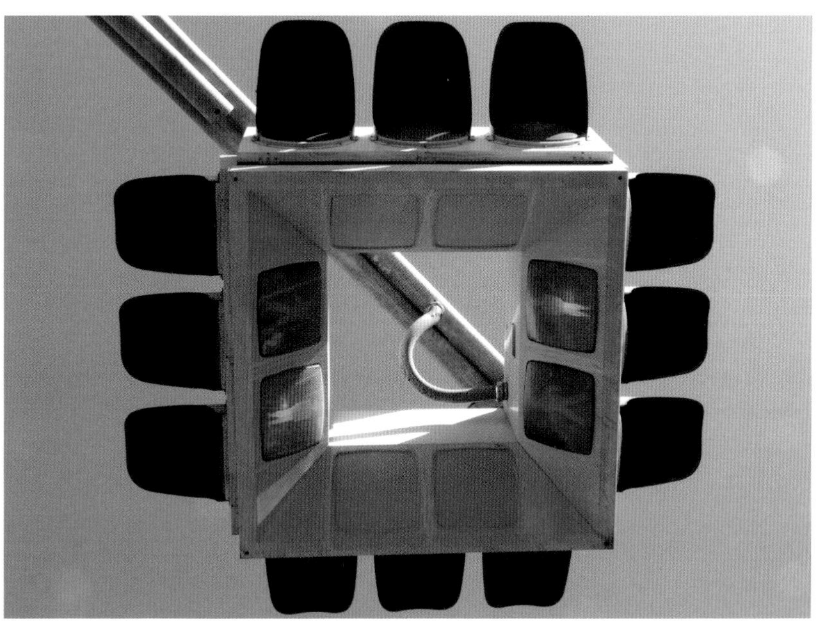

下面

愛知県名古屋市中区大須3丁目13

斜めから

全景

第5章

おまけ・予備の信号機

通常の青・黄・赤の車両用の信号機の上にさらにおまけの信号機が付いている例があり、こちらも大変ユニークであるためいくつか紹介する。

おまけの赤1灯

（長野県小諸市市町3丁目）

平成26年12月訪問時、西側の信号機。おまけの赤信号が点灯している

平成26年12月訪問時、東側の信号機。
こちらもおまけの方が点灯している

長野県小諸市の、非常に狭い片側交互通行のトンネルの出入口に、信号機が2基設置されている。この信号機によって片側交互通行を制御しているので、通常の信号機に増して非常に重要度が高い（運転手が仮にこの信号機が赤でも通行してしまうと、トンネル内で正面衝突事故を起こしかねない）。そのため、通常の3灯の信号機の上に赤の1灯式が設置されている。通常は点灯しない

令和2年12月訪問時、西側の信号機。
通常の赤信号が点灯

令和2年12月訪問時、東側の信号機。
なぜか通常・予備の両方が点灯している

が、おそらく3灯のほうの赤が電球切れなどを起こしたときに点灯するように予備として設置されていると思われる。ちなみにトンネルの東側は車両用信号機しかないが、西側のほうは押しボタン式となっており、歩行者が横断するための押しボタンと歩行者用信号機が2基設置されている。

筆者は平成26年12月に初めてこの箇所を訪れたが、そのときは西側にある歩行者用信号機の1基の赤が電球切れを起こしている上に、西側・東側両方の車両用信号機の3灯のほうの赤が点灯せず、上のおまけの赤1灯のほうが点灯するようになっていた。西側も東側も3灯式の赤が電球切れしてしまったのか詳細は不明だが、いずれにしても1灯式のおまけの赤が有意義に使われていることを目の当たりにできた。

さらに令和2年12月に再度訪問すると、西側の歩行者用信号機の電球切れと車両用の信号機の赤は直っていたが、なぜか東側の灯器は3灯の赤と1灯式の赤が同時に点灯するようになっていた。なかなかダブルで赤が点灯するのは圧巻ではあるが、なぜこのように点灯しているのかは不明である。なお日によってダブル赤点灯していないときもあるという他の信号機マニアからの情報を得ており、制御機の不具合なのか詳細は不明。

このように、片側交互通行箇所や踏切信号など通常の信号機よりもさらに赤の重要度が増すような信号機の場合、予備の赤の1灯式が3灯の上(ないし下)に設置される事例が長野県・奈良県の他、千葉県などでも確認されている。

2段重ね・3段重ね

（茨城県鹿嶋市）

茨城県鹿嶋市泉川

下段は予備となっている

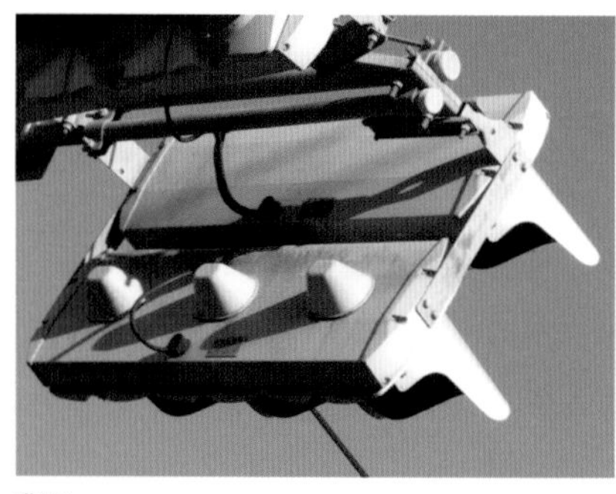

背面

踏切や交互通行箇所など、赤の重要度が高い箇所での予備の信号機では、茨城県鹿嶋市にあるものが面白い。貨物鉄道の踏切のところに踏切信号が設置されている箇所があるのだが、青・黄・赤の通常使用している3灯（薄型LED）の下に電球式の3灯が付属している。下の3灯は通常時は点灯しない。踏切が遮断されると、上の薄型LEDのほうの3灯が青から赤に変わる。

おそらく赤の重要度が通常より高いといえる場所で、普段使用しているLED信号機が不具合などを起こしたときに、下の電球式灯器を予備として使用するため設置しているものと思われる。本来使っているほうがLEDで、予備が電球式というのも面白い。

全景

なおLED、電球式ともに信号電材製の薄型筐体なので、形状はほぼ同じで違うのは電球のほうが背面に突起があるという点だけである。

さらにこの2段重ねがある踏切の近くの別の踏切には、使用している信号機の下に予備の3灯の信号機を設置し、さらに上にも赤の1灯式を設置した3段重ねの灯器もかつては設置されていた。予備2つ含めると3つ赤があることになる。これだけ念には念を入れるというのも珍しい。

3段重ねの時代の灯器は小糸製の樹脂丸型の電球式のものだったが、その後更新され、62ページで紹介したものと同じようにLED信号機と使用していない電球式の信号機の2段重ねとなった。実ははじめに紹介したところもかつては3段重ねだったそうである。慎重に慎重を期した信号機、なかなか面白い。

茨城県鹿嶋市国末

かつて存在した3段重ねの信号機

現在は2段重ねに更新されている

おまけの赤1灯・黄1灯

（神奈川県鎌倉市「小袋谷」交差点）

更新前

●主道路側

黄点滅時

黄点灯時

赤点灯時

①の予備という意味合いとはやや異なる、3灯に付属して1灯式の赤・黄が設置されている事例が神奈川県鎌倉市にある。「小袋谷」交差点は県道同士が交わる非常に交通量の多い交差点だ。押しボタン式の歩車分離式信号となっており、押していない通常時は歩行者用信号機は赤になっている。車両用信号機のほうは主道路側の1方向だけ黄点滅、他の2方向は赤点滅の状態。いずれも3灯の青・黄・赤を使用せず、おまけの1灯式のほうの黄、赤がそれぞれ点滅している。歩行者が押しボタンを押すと、黄点滅している方向は、3灯の黄→赤の順に点灯し、同時に赤点滅している側は赤点滅が終わり、3灯のほうの赤が点灯する。

制御自体はさほど難しくなく、実質歩行者が押しボタンを押していないときは1灯点滅を設置しているのとそう変わら

●従道路側

赤点滅時

赤点灯時

ないのだが、非常に交通量が多い上に歩行者も多く、常に慢性的な渋滞が発生している。このような点滅制御にするのがいいのか、通常のサイクルがいいのかは不明だが、本来は右折矢印が必要なレベルの交通量がありながら右折レーンを設けるスペースもなく、整然と制御できる交差点の余地がないのが渋滞を激しくしている感は否めない。

このような制御の交差点自体珍しいが、他県であればわざわざ1灯式の赤・黄を余分に設置せず、3灯式の黄・赤を点滅させるところであろう。黄や赤が“点滅”しているときと黄・赤が“点灯”しているときの区別がつきやすいように、あえて点滅は付属している1灯式というふうに使い分けているのかもしれない。

神奈川県には、このような点滅するときのみ下に付いている1灯式を使うという事例が、川崎市や横浜市や寒川町でも確認されている。ここは1つの交差点で黄1灯のもの、赤1灯のものの両方があるのが面白い。点滅のみ1灯式を用いるというサイクルは神奈川県以外に埼玉県でも数箇所確認されており、青森県でも縦型のものが1箇所だけある。

この場所のものは以前は3灯が小糸の電球式のアルミで、1灯だけユニットタイプのLEDという組み合わせで面白かったが(点灯時間が長く、重要度の高い1灯式のみLEDにしたのかもしれない)、令和3年末に更新。コイトの低コストLED信号機となったが、このサイクルは継続されている。

更新後

●主道路側

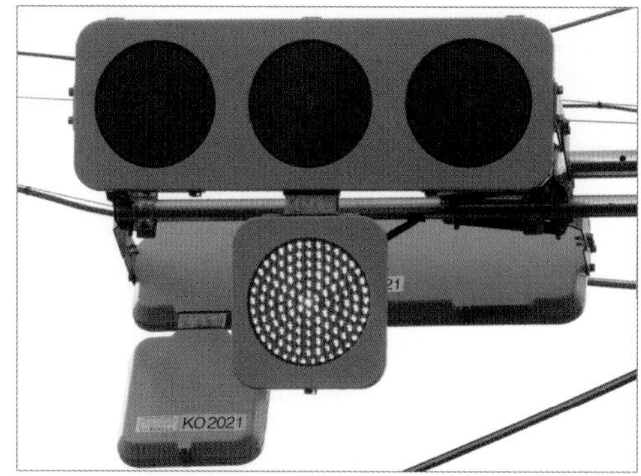

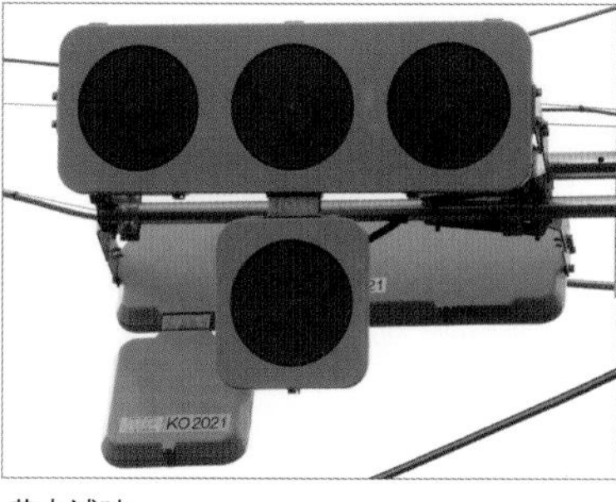

黄点滅時

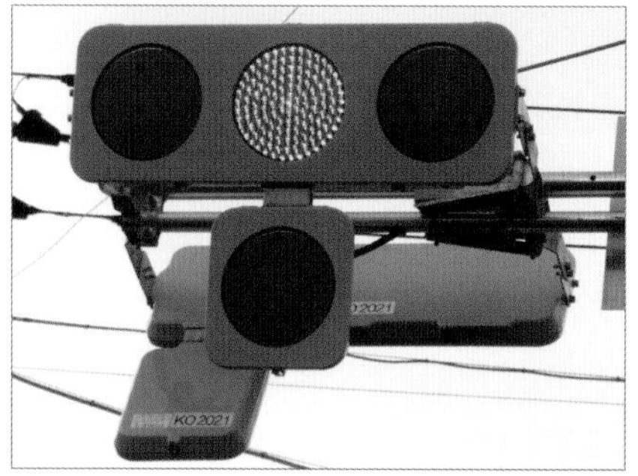

黄点灯時

赤点灯時

●従道路側

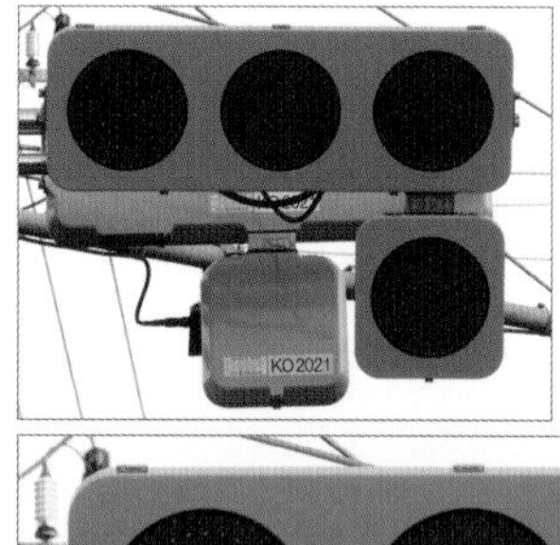

赤点滅時

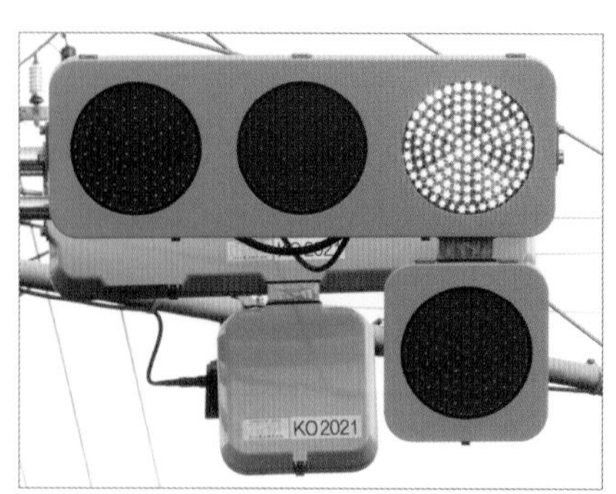

赤点灯時

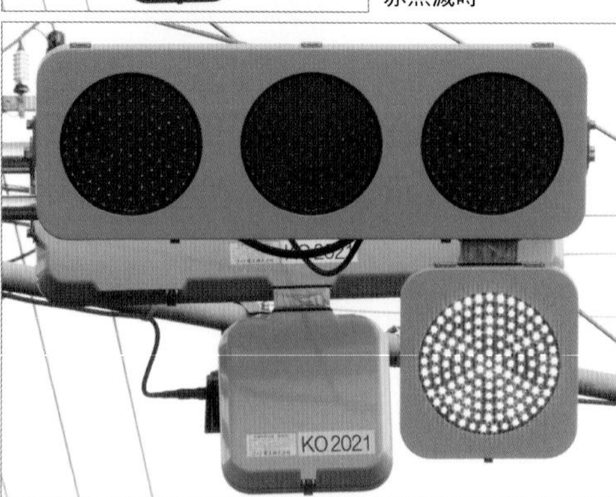

第6章

文字灯器

特殊な事情や路面電車用など、普通の信号機とは用途が異なる場合がほとんどではあるが、信号機の筐体を使った文字が表示される面白い灯器についてここでは紹介していく。

「デ」
（岡山県岡山市）

岡山県岡山市中区門田屋敷本町　門田屋敷電停付近

点灯時

背面

銘板

岡山県岡山市の中心市街地には路面電車が走っており、なかなかユニークな路面電車用の信号機も多く設置されている。特に面白いのがカタカナの「デ」が表示される信号機だ。カタカナでいきなり「デ」と表示されるのは非常にインパクトが大きいが、このデ、意味は路面“デ”んしゃの“デ”ではないかと推測されている。２箇所あり、１箇所はかなりヴィンテージものの角形信号機、もう１箇所は

岡山県岡山市北区野田屋町1丁目　柳川電停付近

点灯時

下面

薄型LEDとなっている。

角形信号機の「デ」は門田屋敷電停付近の路面電車が右左折する信号交差点に設置されている。灯器は昭和40年製と大変古い角形信号機で、ここまで古い灯器自体全国的にももうほとんどなくなっているため非常に貴重であり、岡山県の一番の名物灯器だ。この信号交差点は丁字路の時差式制御となっており、時差式が作動して対向車が停止し、路面電車と右折車が右折できるようになったときにこの「デ」が点灯するので、電車進行可くらいの意味合いだと思われる。

薄型LEDの「デ」のほうは柳川電停付近の路面電車がT字に交差する箇所に設置されている。路面電車が岡山駅方面へ左折する側に設置されており、こちらも路面電車が進行できるタイミングで「デ」が点灯する仕組みとなっている。以前はこの交差点には「デ」灯器は設置されていなかったが、平成30年ころにいきなり交差点の信号機に付属してLED素子を無理やり「デ」の形に並べた小糸製の灯器が設置された（既に撤去済み、筆者は撮影できずじまい）。その後この交差点の路面電車用の灯器が一新された時、現在も設置されている信号電材製の薄型LEDの「デ」が設置された。この灯器はマスクできれいに「デ」の形に切り抜かれているので、鮮明な形のデが表示される。各地で特徴的な信号機の設置が減る中、令和に新たな名物灯器が生まれたのは喜ばしいことである。

「直」「曲」・「左」「右」

（長崎県長崎市銅座町　西浜町電停付近）

「直・曲」信号機の「直」点灯時

「直・曲」信号機の「曲」点灯時

「左・右」信号機の
「左」点灯時

「左・右」信号機の
「右」点灯時

長崎県長崎市を走る路面電車用の信号機も、なかなか特徴的なものが多い。路面電車の線路が交差するポイントの手前に「直・曲」と「左・右」と表示される信号機が設置されている。直・曲灯器、左・右灯器の下には6つの黄色いランプがあり、歩行者用信号機の経過時間表示のような感じでカウントダウンしていき、その文字が表示される残り時間を表している。

この灯器と線路のポイントが連動しており、手前の停止線で停止し、この信号機を確認して、行きたい方向を示すタイミングで電車を前進させると、路面電車のポイントがその表示された文字の方向へ変わるという仕組みになっているようだ。路面電車がこの信号機に従って先の交差点へ向かうと一旦文字灯器の表示が消えるが、路面電車が黄矢印でさらに先へ進むと、また文字灯器が直・曲あるいは左・右と交互に表示する時間が始まるというサイクルになっている。

ここのものは信号電材筐体の薄型LEDだが京三銘板のものとなっており、京三や日信で使われている拡散タイプのLED素子を上手く使用して、非常に綺麗に文字が描かれているのもポイントが高い。

3

「セ」「入」
（富山県富山市）

富山県富山市新富町1丁目 「富山駅前中央」交差点

薄型LEDタイプ

富山県富山市桜町1丁目 電鉄富山駅・エスタ前電停付近

電球式・オリジナルデザインタイプ

富山県富山市の市街地にも路面電車が走っており、こちらも路面電車用の信号機で文字が表示される灯器が設置されている。富山駅付近に2箇所あるのが、カタカナの「セ」が表示される信号機だ。富山駅前の交差点にあるものは京三製の薄型LEDのもので、LED素子を器用に並べてカタカナの“セ”という文字が作られているのが面白い。

詳しいサイクルや意味は不明だが、路面電車が“接近”の“セ”でないかと推測されている。富山駅の近くの違う交差点には電球式のものもあり、こちらは景観に配慮したオリジナルデザイン灯器（第9章参照）となっていて、それぞれ「入」「＋」「セ」が表示されるようになっている。セだけ250㎜灯器で、他は300㎜灯器なのも面白い。

電球式・オリジナルデザインタイプ「入」「セ」点灯時

電球式・オリジナルデザインタイプ「＋」「セ」点灯時

4 沖縄県の文字灯器

（沖縄県那覇市）

沖縄県那覇市旭町

縦型灯器・点滅時

ここまでは路面電車用信号機だったが、次は一般車が従う信号機に付属している文字が表示される信号機について紹介する。

沖縄県那覇市の中心部には文字が表示される灯器が2種類設置されている。一つ目は「この先1車線」と書かれた縦型の樹脂灯器だ。国道330号壺川通の入口、那覇市旭町交差点という大きな交差点に設置されている。普段はこの灯器は消灯しているが、平日の通勤時間帯（7時30分～9時）になると「この先1車線」という赤文字が点滅する。

実は那覇市内の国道330号・507号の旭町交差点～国場交差点の間は中央線変移区間（リバーシブルレーン）となっており、時間帯によって中央線が変更となる。通常は両方面片側2車線だが、平日通勤時間帯は郊外方面は片側1車線、那覇市街地方面は片側3車線と変わる。その注意を促すため、この文字灯器が点滅するようになっているのだ。

沖縄県那覇市古波蔵１丁目「古波蔵（東）」交差点

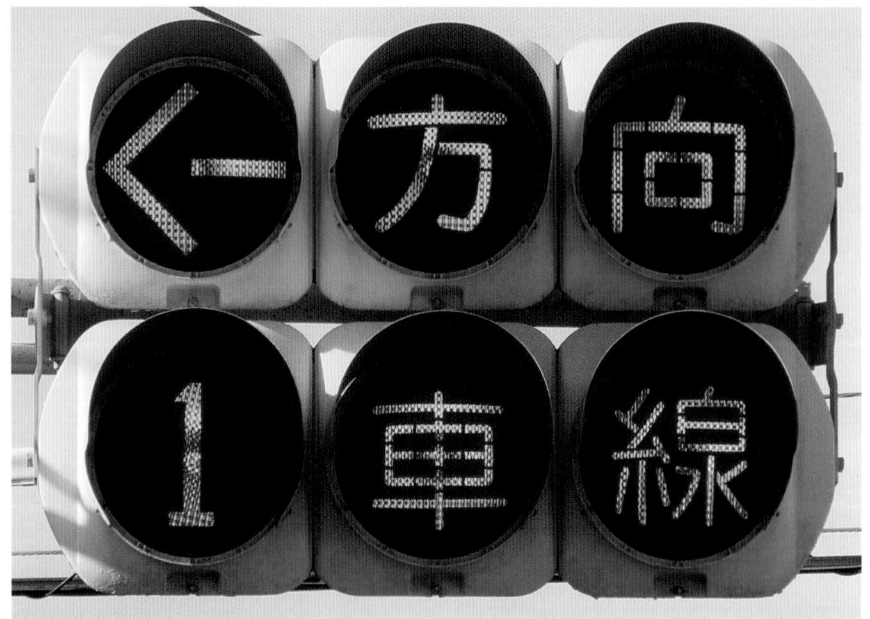

横型灯器・点滅時

赤文字が６文字も表示される灯器はなかなか違和感があり面白い。メーカーは小糸である。

同じ国道330号・507号の中央線変移区間内にはもう一つ文字灯器があり、こちらは「←方向１車線」と表示される。この灯器は区間内の２つの交差点の従道路側に設置されている。やはり平日の通勤時間帯のみこの文字が点滅するようになっており、左折した先が通常片側２車線であるところ、片側１車線に変更になっていることを知らせるためにこの灯器が用いられているようだ。こちらは小糸筐体のアルミ灯器になっているが、メーカーは住友製となっており、その点でも珍しい。

余談であるが、筆者はこの灯器が点滅しているところがどうしても見たかったため、沖縄県に敢えて平日に泊まりがけでいき、やっと撮影することができた。沖縄県に出向いたのはこの信号機を撮影するためだけと言っても過言ではない。

5 「とまれ」（石川県・福井県）

石川県白山市桑島　白峰隧道付近

横型灯器・点滅時

石川県や福井県には、信号機のない一時停止の標識が設置されている交差点で、単に標識だけではなく「とまれ」という文字が表示される灯器も併設されているところがある。車を交差点手前で感知すると、この「とまれ」の赤文字が点滅する。止まれの標識が発光する箇所は他県でもたくさんあるが、わざわざ信号機を加工した灯器を設置するのは石川県と福井県のものだけだ。

この灯器には2種類あり、1つは青・黄・赤を一つに繋げるカバーを設置したもの、もう1つは青・黄・赤にはカバー

背面

石川県かほく市内日角ニ33

●樹脂灯器

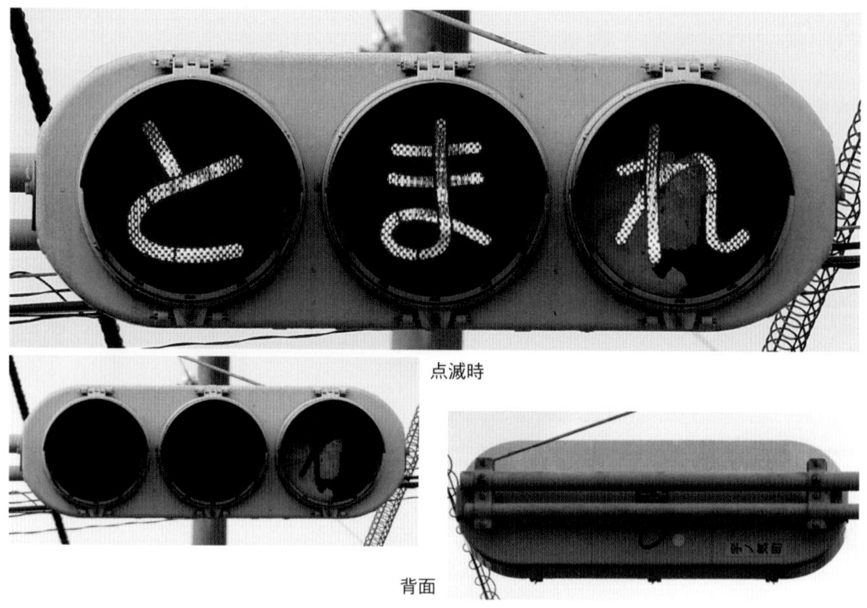

点滅時

背面

石川県小松市下粟津町ヤ-5-1

●小糸アルミ灯器

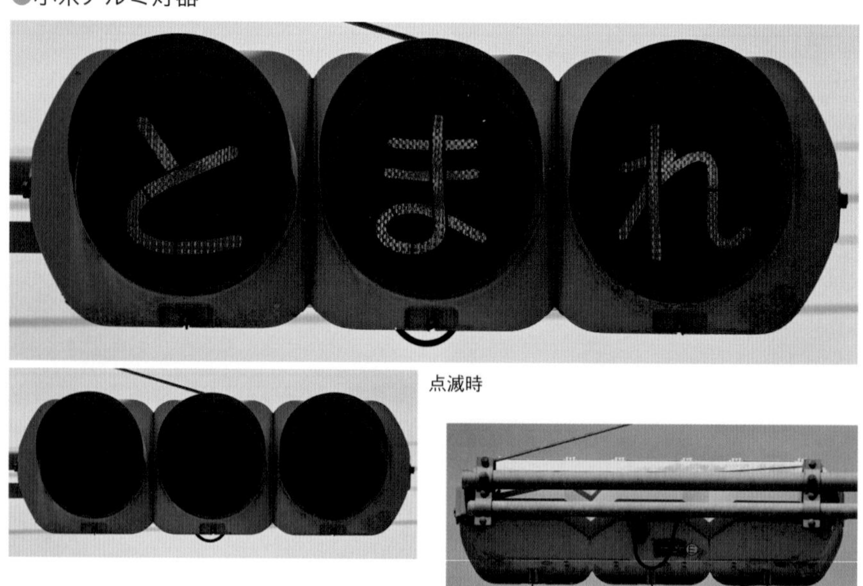

点滅時

背面

福井県福井市順化2丁目15-13

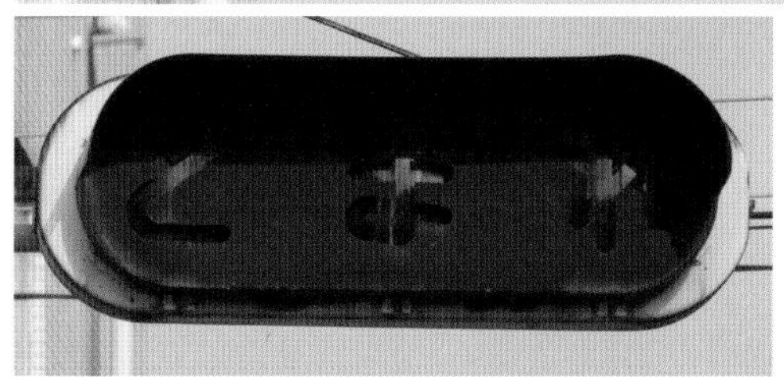

点滅時

側面

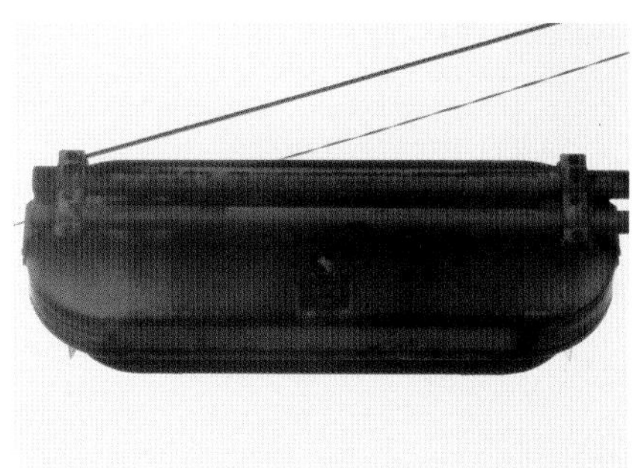

背面

を付けずに文字だけ表示できるように加工したもの。青・黄・赤を一体にしたカバーを付けたものよりも、単純に文字だけ表示できるように加工したもののほうが元の信号機の形状がわかりやすく、個人的には圧倒的に好きだったりする。

灯器の種類としては石川県では樹脂灯器やアルミ灯器を加工したものがあり、福井県でも樹脂灯器を加工したものが大半だが、一部鉄板灯器を加工したものもある（写真は福井市内にある鉄板灯器を使用したもの）。

6

「止マレ」

（大阪府池田市「豊島北1丁目北」交差点）

赤点灯時

大阪府池田市の高速道路の高架下にある交差点に設置されている信号機。上の3灯は普通の小糸のLED信号機だが、なんと下に鉄板丸型を加工して作られた「止マレ」と表示される信号機が付属している。上の本来の3灯が赤になったとき、一緒に「止マレ」と表示されるのだが、赤灯火で止まれの意味があるのにさらに文字でわざわざ表示しているのは面白い。

これは単に赤灯火の信号無視を防止するという意味合いではないようだ。この

青点灯時

「止マレ」が表示される信号機があるのは、非常に近い距離で連続して交差点がある場所の奥側。それぞれ別の交差点として制御されているが、一つの交差点だと勘違いして停止せずに進んでしまうのを防止するため、停止すべきであることを強調して赤のときに「止マレ」と表示されるようだ。

ちなみにこの池田市のものは実際の普通の信号機を加工して止マレと表示されるようになっているが、近年は電光表示板で止まれと文字が表示されるものに交換が進んでおり、この普通の信号機を加工したタイプは大阪府内ではここしか残っていない。かつては“止まれ”と表記し、黄色に塗装されたものが泉南郡岬町や門真市にあったが、すでに撤去済みだ。

「右車アリ」

（石川県かほく市湖北　内日角橋付近）

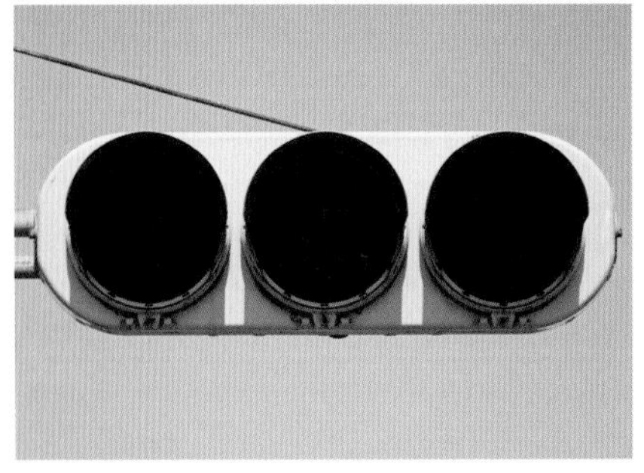

赤点滅時

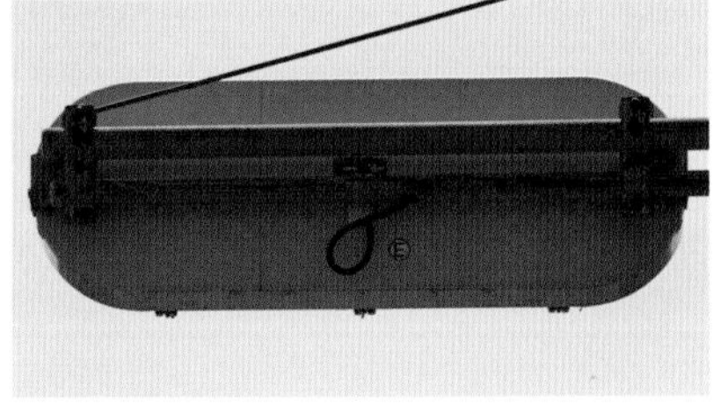

背面

75ページの「とまれ」信号機の応用編ともいえるものが、石川県かほく市に設置されている。こちらも通常の信号機は設置されていない一時停止の十字路交差点で、この灯器のある道路の右方から車が近づくと「右車アリ」という赤文字が点滅する仕組みとなっている。なんとか3つで収めるために、「アリ」が一つのレンズに入り込んでいるのが涙ぐましくて好きだ。石川県では数多く「とまれ」表示する文字灯器が設置されているが、このような「右車アリ」と表示されるところは1箇所しかないようだ。右方向には橋があり、この灯器がある側からだと来た車両が見にくいため、右からの車両に注視するようにこの表示がなされるようである。

なお現在は制御器の故障のため、残念ながら点灯しなくなってしまった。

第7章

自転車用灯器

自転車横断帯が信号交差点にあり、歩行者・自転車用の信号機がある場合、自転車はその信号機に従うことになるが、それには普通、通常の歩行者用の信号機を使用する場合が大半だ。だが、交差点に歩行者が通行・横断するための地下歩道や歩道橋があるなど歩行者用の横断歩道がなく、自転車用の横断帯のみがある交差点では自転車専用の信号機が設置されることがある。筆者の地元である北海道をはじめ、多くの都道府県では縦型の青・黄・赤の3灯式を使用する場合が多く、我々信号機マニアにとってはやや面白みに欠けるが、なかには縦型の3灯式以外のユニークな灯器が設置されている場合があるため、ここで取り上げる。

自転車用の2灯

（石川県金沢市）

石川県金沢市「小坂町」交差点

赤点灯時

青点灯時

福島県、富山県、宮崎県、熊本県などの一部の交差点では、青・赤の縦型の2灯式を使用している交差点もある。動作は歩行者用信号機と基本的に同じで、黄現示の代わりに青点滅現示がある。人形が描かれた四角いレンズではなく円形のレンズの青が点滅するのに違和感があって面白い。

世代によって電球式のものから薄型LEDのものまで様々ある。石川県金沢

石川県金沢市「鱗町」交差点

200㎜相当加工の赤点灯時

市には東京都にあるような250㎜の薄型LEDを使用したものがあるが、石川県の通常の交差点は300㎜の普通の薄型LEDなので、なぜ自転車用だけ250㎜を使用するのか不思議なところである。また同じ石川県金沢市には本来直径250㎜のレンズであるのに敢えて黒いカバーで覆い、200㎜相当部分だけ見えるように加工されているものもある（理由は不明）。

200㎜相当加工の青点灯時

歩行者用信号機を使用した自転車用2灯

（山口県防府市、山口県岩国市）

山口県防府市「富海」交差点 撤去済

赤点灯時

青点灯時

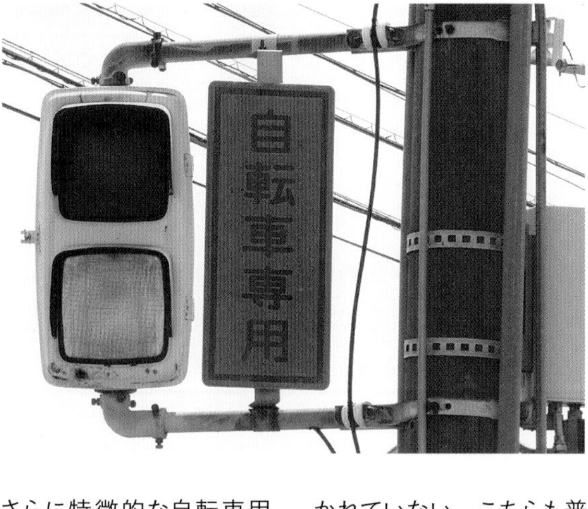

全景

山口県にはさらに特徴的な自転車用の信号機がある。1つ目は灯器自体は弁当箱型の歩灯だが、なんと人形が描かれていない。こちらも普通の歩行者用信号機と同じ動作をするが、本来人形が描かれているレンズに見慣れているの

山口県岩国市錦見2丁目7

赤点灯時

青点灯時

全景

で、不気味に見える。歩道橋のある交差点にあったが、現在は残念ながら撤去されている。

さらに同じ山口県の岩国市内に今でも数箇所あるものは、灯器は小糸の歩灯だが、こちらも人形が描かれていない上に、丸いマスクをつけて青、赤が丸く光るようになっている。理由は不明だが、歩行者用ではなく自転車用であるため差異を付けているのかもしれない。

信号機の撮り方

COLUMN

今でこそX(旧Twitter)などのSNSも発達し、またGoogleマップのストリートビューなどの普及もあって、前もって珍しい信号機の情報を手に入れることができるようになってきたが、かつてはどこに珍しい信号機があるかを探すには壮大な砂漠から一滴の水を見つけるような大変さがあった。その一方で、実際行ってみたらどんな珍しい信号機が見つかるだろうかというわくわく感があったとも言える。ただたくさんの信号機の情報が出回っている今のほうが、効率よくピンポイントで廻れて計画も立てやすいし、珍しい信号機を見逃したまま遠征先から帰ってしまうという悲劇も減らすことができるので、本当に恵まれている時代だと感じる。

信号機の撮影の仕方はさまざまだ。また使用している機材もマニアによって色々である。機動力重視であればコンパクトデジカメで撮影する人もいるであろうし、数十万の非常に大きな望遠レンズを引っさげて撮影されている方もいる。そうした写真のクオリティに重きを置くマニアであれば、撮りたいネタが東向きなのか西向きなのかを見て、順光になる時間帯に合わせて撮影しているようである。

ここで重要になってくるのは、写真の色合いである。信号機は何と言っても信号機の光る色が一番重要だ。メーカーによって、世代によってもこの色合いが違うが、いかに実際見えている信号機の色に近いものを写真で表現できるかは非常に大きな点となってくる。

撮影のスタイルの話にもどすと、筆者はどんな信号機であっても各色すべて色々な角度から撮影するという主義がある。正面から青・黄・赤の点灯時、次は斜めの青・黄・赤、そして側面、背面、銘板、アーム含みの設置状況、交差点全景といった具合だ。以前はたくさんの信号交差点数を廻るため、すぐにその交差点から退散ということも多かったが、最近はじっくり時間をかけて楽しみながら撮影している。信号機の動作が変わっていて珍しい場合は動画も撮影する。人によってはホームページでこのように使いたいから、こういう風に撮影するなどもっとこだわりがある方もいらっしゃる。自分もサイトでこういう風に紹介したいなと考えながら撮影するのがまたすごく楽しい。

筆者は信号機は「なるべく晴れた日、悪くても曇りの日に撮影したい」と考えていて、質感が変わってしまう雨や雪の日での撮影を極度に嫌い、よっぽど急ぎのネタでかつ遠くでないと悪天候下では撮影しない。また筐体がちゃんと映らないという理由で夜間の撮影も基本的には行わない。

第8章

横型歩灯

車両用信号機は基本的には横型がメインで縦型は雪国では主流だが、雪国でないところでは見通しが悪かったり、設置の関係で縦型のほうが見やすい場合に主に設置されるサブの印象が強い。歩行者用信号機は基本的には縦並びの2灯のイメージが強いと思うが、実は横並びに設置されている歩行者用信号機も存在する。

横型歩灯

（青森県、新潟県、鹿児島県）

青森県五所川原市柏原町1 撤去済

電球式

青森県三沢市大町2丁目4 撤去済

LED式

横型の歩行者用信号機は、アーケード街や低い高架の下など従来の縦型の歩行者用信号機を設置すると高さが低くなり過ぎてしまうような場所で主に設置されている。

横型の歩灯が設置されている県は限られているが、青森県、群馬県、新潟県、愛知県、鹿児島県などのアーケード街で設置されている。中でもこの横型の歩行者用信号機が圧倒的に多いのが新潟

新潟県新潟市中央区
東万代町6-10

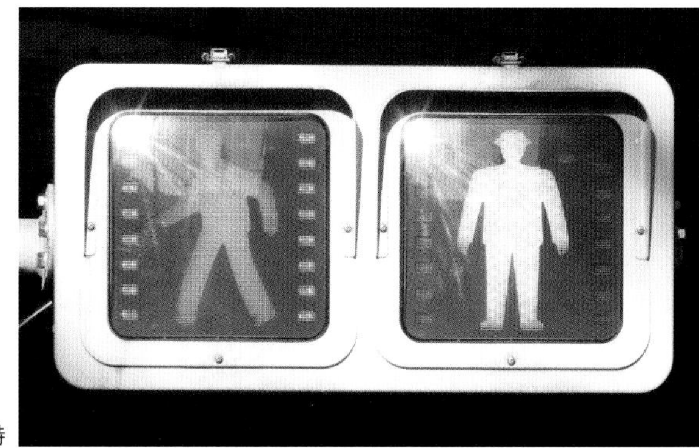
赤点灯時

青点灯時

県である。同県では新潟市をはじめ、主要都市のアーケード街にはほぼ必ずと言っていいほど、横型の歩行者用信号機が設置されている。その背景には、新潟県内の主要都市の中心市街地にはアーケード街が他県に比べ非常に多いということが挙げられる。

また新潟県はこの横型の歩行者用信号機の設置にそもそも積極的で、他県で縦型の歩灯が設置されるであろう場所でも横型の歩行者用信号機を設置している。他県ではLED信号機へ更新する際、通常の縦型の歩行者用信号機へ更新される場合が多いが、新潟県内の多くの箇所は横型の歩行者用信号機が引き継がれており、薄型LEDの経過時間表示の目盛り付きのものが設置されている。

鹿児島県鹿児島市伊敷6丁目13

全景

赤点灯時

特徴的な設置方法

青点灯時

鹿児島県でもちらほら横型の歩灯が見られるが、鹿児島市内の郊外の交差点では設置のスペースの関係で面白い設置方法を取っており、さらに青・赤が逆に設置されていた(現在は直されているという情報がある)。

第9章

デザイン信号機

　観光地や街の中心部などで、景観に配慮して通常のシグナルグレーではなく、緑や茶色に塗装された信号機をよく見かける。他にも塗装色はいくつか種類があり、なかなか見かけないゴージャスな色や形のものもあるのでここで紹介していく。

金色塗装

（岩手県盛岡市菜園2丁目）

車灯赤点灯時

車灯青点灯時

歩灯青点灯時

設置状況

歩灯背面

　岩手県盛岡市には、高級感溢れる金色に塗装されたデザイン信号機がある。車両用信号機も歩行者用信号機も同じ色に塗装されており、灯器の種類はコイト電工製の薄型LEDだ。金色に近い塗装色は他でも稀に見られるが、経年劣化で色褪せており、ここまで綺麗に金色を体現できるのは盛岡だけかもしれない。すでに10年以上経過しているが、非常に綺麗な色を保っているのが素晴らしい。

2 黄緑色塗装

（北海道旭川市1条通18丁目）

車灯

歩灯

北海道旭川市の中心部では、色々な色のデザイン信号機が見られる。緑、茶色、薄い金色などバリエーションが豊富な中、全国的にもなかなか見られない黄緑色に塗装された信号機がある。市内の１条通に集中しており、樹脂丸型、薄型LED、低コスト灯器など複数の種類の灯器がこの色に塗られている。

ツートンカラー

（北海道旭川市2条通14丁目）

正面

側面

背面

93ページと同じ北海道旭川市には、表面がシグナルグレー、背面が赤色というまさかのツートンカラーの信号機も存在する。信号を設置しているモニュメント的な柱が赤色になっており、本来は赤色にすべて塗装したかったのかもしれないが、表面を赤色にしてしまうと歩行者用信号機の赤灯火と色が被り見づらくなってしまうからか、表面のみ普通の塗装色となっている。灯器自体は小糸の電球式の歩灯だ。

4 小樽オリジナルデザイン

（北海道小樽市「港町」交差点）

正面

側面

通常の信号機の形状とは異なる独特なデザインになっている信号機を、通称オリジナルデザイン信号機と呼ぶ。北海道小樽市では、小樽運河のすぐ近くに2箇所設置されている。

こちらはなんと京三製の薄型LED灯器ベースのものとなっている。オリジナルデザインの信号機はそのほとんどが電球式で、薄型LED世代でこのようなオリジナルデザインが設置されたのはここのみと思われる。歩行者用信号機も茶色塗装にはなっているが、こちらはオリジナルデザイン信号機とはなっていない。

ちなみにこの箇所は北海道でもかなり最初期に設置された薄型LEDであり、まだ薄型LED自体珍しかった時期に、変わり種が地元に登場したことに筆者は感動したものだ。

幕張オリジナルデザイン

（千葉県千葉市美浜区　海浜幕張駅周辺）

車灯正面

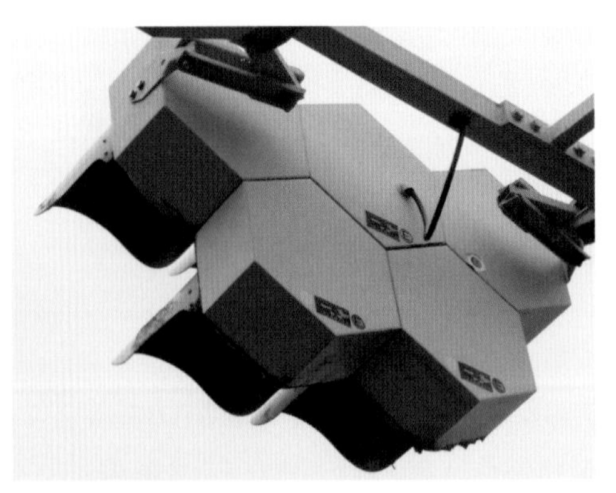

車灯背面

昭和期には全国各地の観光地や中心市街地で、様々な形のオリジナルデザインが設置された。おそらく通常の信号機と大きく形が違い、特注ゆえ高価であるためか、LED信号機世代ではほとんど設置されていない。

このオリジナルデザイン信号機の中でも一際インパクトがあるのが、千葉県千葉市の海浜幕張駅周辺にあるものだ。まるで六角形のパーツを組み合わせて設置されている。車両用も歩行者用もこのよ

歩灯正面

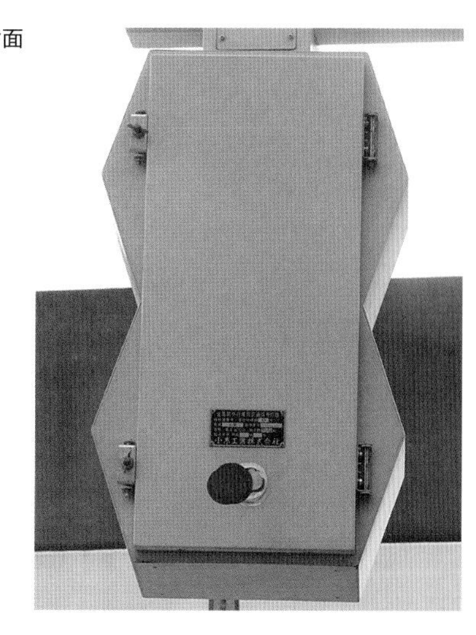

歩灯背面

うな形になっている。特に車両用の信号機のほうで矢印が2つ設置されている箇所はまさにパズルのようだった（撤去済み）。

最近はこの地区も淘汰が進み、通常の低コスト灯器へ更新されてしまっているのが正直残念なところだ。すべて小糸工業製である。

広島オリジナルデザイン 撤去済

（広島県東広島市鏡山1丁目「ががら」交差点）

車灯正面

歩灯背面

車灯背面

歩灯正面

広島県でも東広島市にオリジナルデザイン信号機がある。四角い形で後ろが錘状になっていてティッシュ箱を連想することから、ティッシュ箱デザインなどと呼ばれていたりする。こちらも歩行者用と車両用両方がある。かつてはもっと数が多く、東広島市に数箇所のほか広島市にも設置されていたが、現在では東広島市に1箇所残るのみとなっている。

7 北見オリジナルデザイン

（北海道北見市北2条西1丁目）

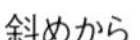
斜めから

側面

背面

正面

設置状況

　北見市の中心市街地にあるオリジナルデザイン歩灯。こちらはオリジナルデザインの中でもかなり奇抜な形だ。上は三角屋根、灯器下部のほうはぎざぎざ状になっている。また設置方法も通常の歩行者用信号機の設置方法とはかなり異なり、四角いアーム2本を灯器背面で設置するような形となっており、非常に面白い。このメルヘンチックな形のデザイン信号機は交差点に7基あり、1基だけ通常の薄型LED歩行者用信号機に更新されているほかはすべてこのデザインとなっていて圧巻である。

アトム信号機
（神奈川県某所公園内）

青点灯時

神奈川県の某所に設置されている、アトムをモチーフにした人形が描かれている歩行者用信号機である。この信号機は公道ではなく、とある公園内の交通コーナーに設置されている。公道では信号機の規格はある程度厳格に決められており、ユニークなものは原則設置できないが、これは公園内の交通コーナーという教育を兼ねた場所であることもあり、設置が実現できた模様だ。

このような公園の中に交通コーナーのある、いわゆる交通公園は全国各地に存在するが、一般の道路で設置されているのとは異なる小さいサイズの信号機が設置されていたりすることが多い。その中でこの信号機は人形こそアトム型だが、灯器自体は公道にもある日本信号製の薄型LED歩灯であるのが非

赤点灯時

常にマニアを喜ばせている。マニアだけでなく、この信号機をみた周囲の家族連れの方からも「すごい！ アトムの信号機だ！」「可愛い！」といった歓声を聞くことができるなど、一般にも注目を集める稀有な信号機である。撮影していてもあまり不思議がられることがないのはありがたい限りだ。

なぜアトムをモチーフにしているかというと、この信号機がある地区はさがみロボット産業特区の対象地域となっており、その宣伝の一環として設置されたもののようだ。なお神奈川県のホームページでは設置場所のヒントのみ記載となっているので、一応場所を某所としている（我々信号機マニアの大半は場所を知っている）。

LED信号機の雪対策

LED信号機が普及し始めて久しく、令和5年3月時点で全国の信号機の約7割がLED信号機となっている。電球式の信号機に比べ視認性に優れ、省エネルギーで長寿命なLED信号機だが、その普及は雪国に新たな課題を生み出した。LED式は電球式に比べてほとんど発熱しないため、これまで電球部分の発熱で融けていた雪が融けなくなり、灯火の部分に雪が付着し、何色が点灯しているかわかりにくいという事象が目立つようになったのだ。現在はLED信号機しか製造されていないため、雪国を含め交換・新設の際は当然LED信号機が設置されている。まだ雪国でさほど普及していないころは、着雪対策になる工夫を凝らした信号機がいくつか設置されていた。

秋田の雪対策信号機。庇の裏にLEDがついている

秋田の雪対策信号機（側面）

まず紹介するのは、秋田県秋田市千秋公園の交差点に現在も設置されている信号機。灯器自体は信号電材の薄型LEDだが、庇が三角形状にカクカクした形になっており、庇の上の雪が落ちやすいように工夫がされている。また庇の裏にはLEDの素子が取り付けられており、仮にレンズ部に雪が付着して光が見えなくなっても庇の裏のLED 素子が同じ色に光るので、そちらでも信

号機の点灯色がわかるようになっている。残念ながら普及はしなかったが、なかなか面白い工夫のなされた信号機だ。

平成21年ころからは小糸工業が開発したフラット型灯器が設置されるようになり、最初は雪の降らない地域で横型で設置されたが、平成22年末ころには筆者の地元北海道でも設置された。このフラット型灯器は斜めに傾斜して設置されており、物理的に雪が落とせるように工夫がなされているのが特徴で、北海道や本州日本海側でも積極的に設置されるようになった。

小糸以外のメーカーの薄型LEDの雪対策でメジャーなのがカプセルフードというもので、透明のたまねぎ型のカバーでレンズを庇の代わりに覆い、雪が付着しないような方法をとっている。こちらも雪国では相当数設置されている。後に形状が改良されたものも登場した。

カプセルフード

フラット型。斜めに傾斜している

また山形県や福島県の会津地方では、重要な赤灯火部分にのみ融雪ヒーターを施した灯器が設置され始めた。写真を見ると一見普通の信号電材の低コスト灯器なのだが、よく見ると赤のレンズ部にのみ、ヒーターのひだのような模様がはりめぐらされているのがわかる。

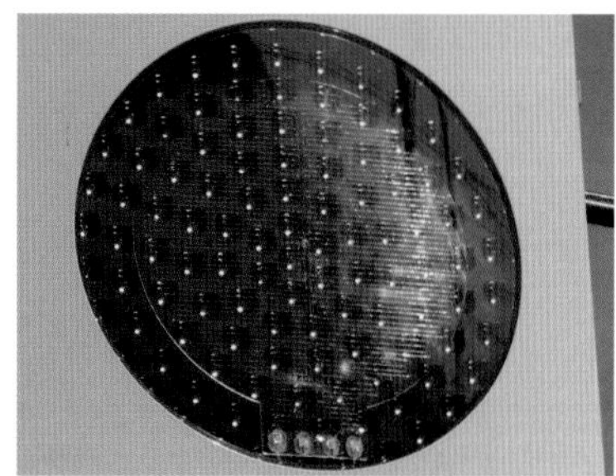

山形県にある融雪ヒーターつきの赤灯火

このように様々な工夫が凝らされてきた雪国のLED信号機ではあるが、残念ながらいずれも根本的な解決には至っていない。今まで紹介した中では全国的に普及しているフラット型が比較的雪対策には効果的であるものの、雪の降り方や風向きによっては表面に雪が付着し、なかなか融けない事象を雪国である筆者の地元でも確認している。一番効果を発揮しているのは雪をヒーターで融かす山形県や福島県の会津で普及しているものであるが、ヒーターを使うことによる電力消費があり、省エネルギーというLEDの利点が薄れてしまう。今後LED信号機が普及していく中でどのようにこの課題を解決していき、新しいLED信号機が生まれるのかを含めて注視していきたい。

第10章

ワイヤー吊り設置

信号機はある程度設置の方法が決まりものになっているとは言え、中にはその通常の設置方法ができない交差点もある。ここではその中でも特に変わった設置方法をしている信号機にフォーカスを当てる。

ワイヤー吊り設置

（静岡県）

静岡県伊豆の国市大仁 431

設置状況（正面）

静岡県では何箇所か、信号柱を信号機を設置したい場所から近いところに設置できず、信号機を設置するアームが異常に長くなってしまう際に、ワイヤーに吊る方法で信号機を設置している場合がある。一見金属のアームで設置したほうが頑丈そうではあるが、長いアームでは強風などの際に曲がったりする可能性がある一方、ワイヤーであればその心配はない（とはいえ、強風の際はワイヤー吊りの灯器はかなり揺れており、落ちたりしないか心配ではある）。

小糸製の鉄板灯器、アルミ灯器、日本信号製のアルミ灯器、小糸のLEDなど様々な灯器がワイヤーで吊られている。この設置方法は他に神奈川県鎌倉市でも1箇所見られるほかは、仮設などを除きほとんど見られない。この信号機についてはたくさんの写真で設置の妙を味わって頂きたい。

正面

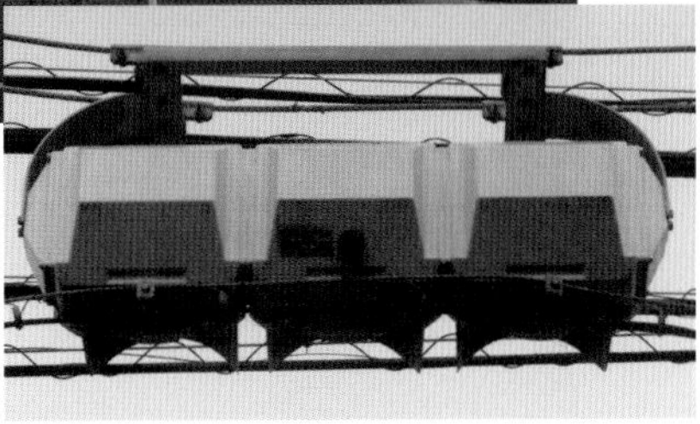

背面

設置状況（背面）

静岡県沼津市岡宮（沼津I.C.付近）

設置状況

背面

正面

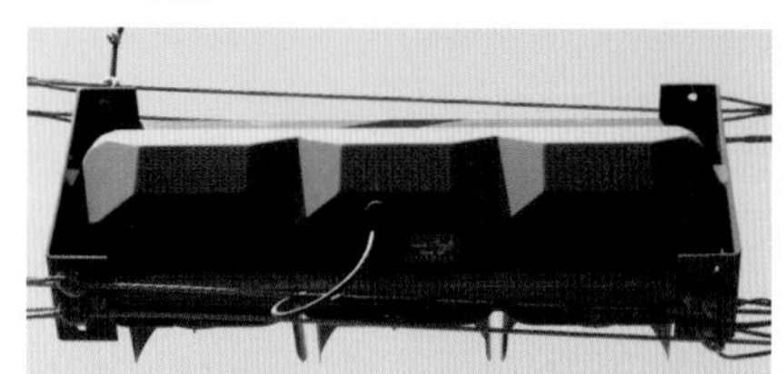

側面

静岡県静岡市清水区村松390 撤去済

正面

設置状況

静岡県静岡市清水区二の丸町「巴川橋東」交差点

設置状況

正面

静岡県富士市吉原4丁目「中央駅」交差点

設置状況

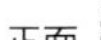

正面

富山・生地中橋への挑戦

富山県黒部市の黒部漁港には生地中橋という可動橋がある。下を潜ることのできない背の高い漁船が通航する際に橋が動いて、船を通すことができるような仕組みになっている橋梁だ。橋が動いているときは当然道路は通行できないため、それを知らせるために橋の手前の道路側にそれぞれ信号機が設置されている。

橋の両側ともに縦で赤・黄・赤配列の小糸製の樹脂灯器で、今ではそもそも赤・黄・赤配列の信号機自体が非常に珍しい。橋が通れるときは2基とも真ん中の黄が点滅しているが、漁船が通るために橋が動いて通行できなくなると、なんと上下の赤がダブルで同時に点灯する。橋の手前には遮断機もあり、ダブル赤点灯と相まって非常に物々しい雰囲気だが、橋自体が通れなくなり危険であるため、当然のことかもしれない。ダブルで赤が点滅をするものは10ページの群馬県桐生市のものが当てはまるが、赤がずっとダブルで点“灯”するのはここのみである。

さて、ここからが本題で、先述の通り橋が動かない限り、基本的には黄が点滅している。つまり“橋の下を潜ることのできない”船が来て橋が動かないとダブル赤点灯は見ることはできず、この点が意外にハードルが高い。橋自体は基本的に毎日動いているようで、漁港付近にあるため船の往来自体は少なくないが、橋を潜れる高さの船は悠々と橋の下を潜っていく。ということでダブル赤点灯を拝むべく橋付近で待ち構えることとなるが、未明に出る船は撮影に不向きであることを考慮すると、ある程度大きな“釣り船”が日の出後に橋を通過するのを待たないといけないわけだ。

著者が最初にこのダブル赤点灯撮影に挑戦したのは8年前まで遡る。平成27年9月の夕方に2時間ほど待機したが、橋は動かず涙を呑んだ。6年後の令和3年9月に再度挑戦し、のべ4時間ほど待機するも駄目。この時は朝まず生地中橋に行き、他の富山県内の信号機を撮影した後わざわざ戻ってきたのに撮影することはできなかった。そもそも富山県自体、北海道から行くのは時間的・経済的に容易ではなく、結局動かなかったときの疲労感・絶望感は並大抵のものではない。

令和6年の北陸新幹線敦賀延伸に合わせて今度はのんびり1日橋で待機しようかなと呑気なことを考えていると、X（旧Twitter）で生地中橋の信号機の

道路側

赤点灯時

黄点滅時

更新の入札が入ったという情報が飛び込んできた。これは是が非でも急ぎで行かなくては思い、令和5年10月14日の朝4時55分から待機。前日には橋の管理事務所の方に橋は動きそうかを尋ねており、間違いなく何度かは動かすという回答を得た。5時41分に遂に橋が動き、ダブル赤点灯をようやく初めて見ることができた！ その後5時57分、6時6分、6時58分にも橋は動いたものの、この日は朝方曇っており、納得のいく撮影にはならなかった。橋の管理事務所の方に聞くと釣り船はだいたい6時間程度で戻ってくるということで、その情報を頼りに一度橋を後にし、他の信号機を撮影して、11時ころに戻ってきた。南向きの灯器のほうが順光となり、ここでダブル赤点灯すれば最高という状況の中、11時35分に再び橋が動き出した！ その後も12時2分、13時9分と2回橋は動き、計3回分ダブル赤点灯する写真を撮影することができた。 橋が動いてダブル赤点灯したときは感動し思わず大声で「あ、

水路側

青点灯時

赤点灯時

きたぁあああああああ!」と叫んで走り回ってしまった。なお後々振り返るとダブル赤点灯はちゃんと写真に収められていたが、橋が動くさまはほとんど撮影できていなかった。それだけ信号灯器の撮影だけに集中していたということになるだろう。

橋の管理事務所の方の証言をもとに再考すると、釣り船が早朝出て6時間後、昼ころに戻ってくるというサイクルを考えれば、待つべきだったのは11時～13時ころということになるかもしれない。また平日であれば通勤・通学時間帯は道路交通に支障をきたすため、橋を動かさないという方針もあるようだ(7時半～8時半あたりか)。平成27年、令和3年の2度の挑戦ではこのあたりのことを知らなかったのが敗因だ。ただ船自体天候が悪いとそもそも出発しない、その日によって船の出るタイミングがまちまちであるなど、なかなか難しいのは間違いない。これほど合計待機時間、そして目的の撮影に行き着くのが長かった現場は他にはない。

なお船が通る水路側にも信号機が一つ設置されているが、青・赤の2灯式となっていて、こちらも珍しい。通常は赤が点灯し、船が通航できるようになると短い時間(3秒程度)青が点灯する。

令和5年末についに更新され、なんとダブル赤点灯は低コスト灯器になっても引き継がれた模様である。そのため、再度また生地中橋を撮影しなくてはいけない"試練"が生まれた。まだ著者の生地中橋への挑戦は続く……。

第11章

450㎜灯器

公道で見られる信号機の中で、一番大きなレンズ径は直径450㎜のものである。通常の1.5倍サイズである直径450㎜灯器は、かつては岐阜県で大量に見ることができた。また岐阜県以外でも大阪府、長野県、福島県などの主要な国道同士の大きな交差点といった場所で灯器を目立たせるため、450㎜灯器を採用することがあった。

筆者はこの見た目にも迫力満点な450㎜灯器が大好きで、撤去される寸前の450㎜灯器をたくさん追いかけてきた。現在普及しているLED信号機は光源自体が非常に視認性が良いので、信号機のサイズは小型化し、300㎜よりもさらに小さな250㎜が主流になりつつあり、電気代も高くつく450㎜は淘汰されているため、令和5年末時点で3灯式のものはもう全国で3箇所にしかない。以前450㎜が圧倒的に多かった岐阜県ではすでに絶滅している。

300㎜と450㎜の両面設置

（群馬県藤岡市藤岡「藤の丘トンネル西」交差点）

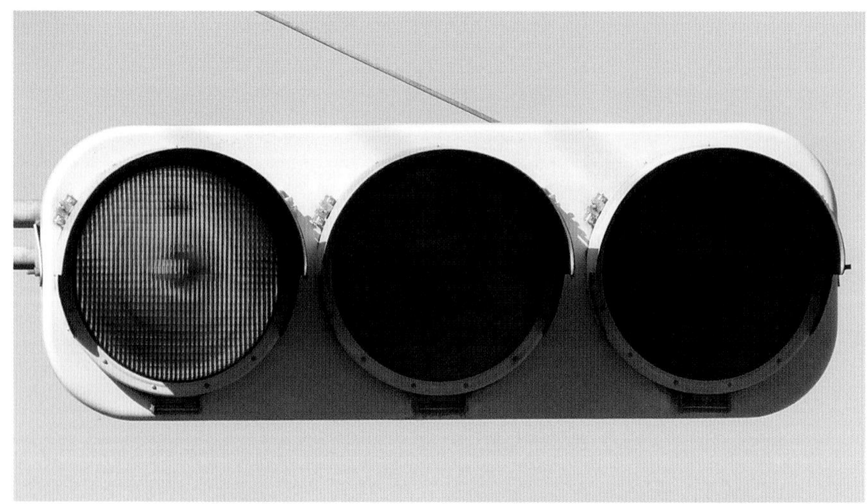

正面

側面。300㎜灯器との大きさの違いが一目瞭然

背後に300㎜

300㎜側から

群馬県藤岡市の国道254号のトンネルの出口の交差点に、450㎜灯器が1基だけ設置されている。国道側のトンネル出口後交差点となる主信号だけ450㎜となっていて、あとは300㎜となっており、300㎜と450㎜が同じアームで両面設置となっているため、大きさの違いが非常にわかりやすい。450㎜灯器自体はかつて450㎜の中では多かった小糸製となっている。

2 250・300・450㎜を網羅 撤去済

（群馬県前橋市新前橋町「新前橋駅前」交差点）

直進矢印点灯時

青点灯時

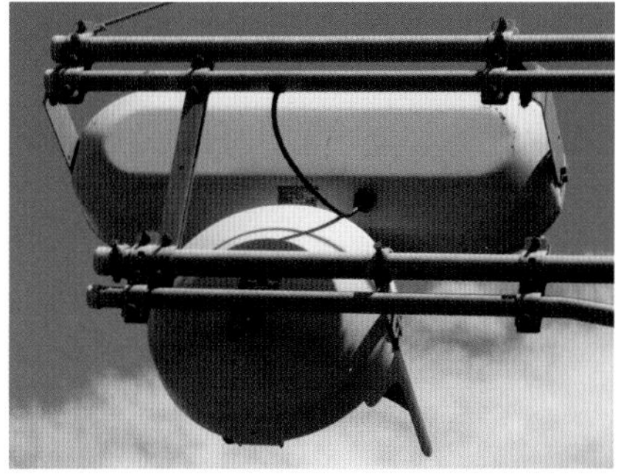

背面

こちらはかつて群馬県にあったもので、3灯のレンズの直径が青・黄250㎜、赤が300㎜、直進の矢印が450㎜灯器となっており、公道で通常見られるレンズ径の3種類がすべて制覇されている。現在はすでに撤去済み。正直見た目には250㎜と300㎜の違いは小さいものとなっているが、450㎜が非常に大きくサイズの差が実感できる。

この交差点は歩車分離式信号機となっていて、赤＋直進矢印の現示があり、強調のために矢印灯器を450㎜にしたようだ。

矢印のみ450㎜

（大阪府門真市堂山町21）

正面

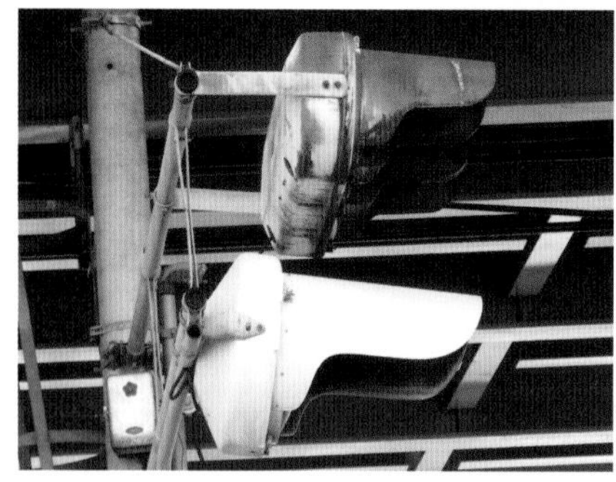

側面

背面

大阪府ではかつて国道やほかの幹線道路で比較的多く450㎜灯器を見ることができた。そのほとんどは撤去されてしまったが、令和５年末現在でも450㎜の矢印灯器が残っている場所がある。大阪府の中央環状線沿いの交差点のものは、３灯は通常の300㎜のもので、矢印のみ450㎜となっているのでその迫力がわかる。

この交差点は道路幅が非常に広く、矢印を目立たせるために矢印のみ450㎜としていると推測される。ちなみに３灯式はかなり古い日本信号製の丸型となっており、この組み合わせは本当に貴重だ。

上が300㎜、下が450㎜ 撤去済

（熊本県熊本市中央区「浄行寺」交差点）

左折・直進
矢印点灯時

赤点灯時

右折矢印点灯時

こちらはすでに撤去されてしまった信号機ではあるが、熊本市には3灯式が300㎜灯器で、矢印の3灯式が450㎜という組み合わせがかつてあった。450㎜の3灯矢印ということで非常に迫力満点で、300㎜と比較すると大きさが際立っている。青・黄・赤の3灯がオリジナルデザインの八角形であるのもポイントが高い。

この交差点は右折分離制御であり、赤＋直進・左折矢印、赤＋右矢印などで車の流れを制御するため矢印の重要度が大きく、広い交差点でもあるので、450㎜矢印が採用されていたと思われる。メーカーは当時から少数派だった日本信号製だった。

450㎜の予告信号機 撤去済

（北海道亀田郡七飯町西大沼）

側面

設置状況

黄点滅時

筆者の地元にもほど近い北海道七飯町の国道５号にも、かつて450㎜が設置されていた。そもそも450㎜は圧倒的に横型が多く、縦型は稀にしか見られないものだ。トンネルを抜け、カーブの先に信号交差点があり、注意喚起のため450㎜灯器が採用されたと思われる。北海道の予告信号の標準仕様は、前方の信号交差点の動作に関わらず常時点滅なので、この灯器もせっかくの激レアな450㎜の縦型ではあるが、黄が点滅するのみだった。灯器自体が撤去された後は、何も設置されなかった。

450mmの縦型・横型・矢印が揃う

（長野県上伊那郡南箕輪村「神子柴」交差点）

正面

補助信号

設置状況

全景

118ページで書いたように450mmの縦型は特に珍しいが、450mmの縦型、横型、矢印すべてが揃った交差点が南箕輪村の国道153号沿いに令和5年末現在もある。この交差点の主道路側は交通量が多いとはいえ片側1車線であり、450mm灯器が設置される交差点の規模としては小さい。しかし変わった形状をしていて交差点の範囲や従うべき信号機がややわかりにくく、カーブになっていることもあってか450mm灯器が採用されている。ちなみにこの交差点にあった250mm灯器が工事で令和4年12月に撤去されたようで、その際は南箕輪村長もXで言及するほど有名スポットになっている。

山奥の450㎜ 撤去済

（和歌山県田辺市龍神村柳瀬）

正面

設置状況

和歌山県の山奥、田辺市の旧龍神村にもかつて1基のみ450㎜灯器が設置されていた。トンネルの出口から割りとすぐに信号交差点があり、強調のため主信号を450㎜にしていたようだ。令和元年まで残っていたが、問題はこの交差点のアクセス。JR紀伊田辺駅から27㎞という絶望的な距離であり、駅からの路線バスも1日2便しかないという有様で、公共交通で行くのは難しい場所だった。県庁所在地の和歌山市から

設置状況

全景

は100㎞ほどある。筆者は車の運転が(現在でも)苦手で、当時はペーパードライバーのような感じだったが、公共交通で行くと1日がかりになってしまうこの場所にやむを得ず初めてレンタカーで車を走らせた記念すべき場所である。それをするだけの価値はある信号機ネタではあった。なかなか交通の便のせいで行くのを躊躇っていた経緯もあり、実際に撮影できたのは撤去ぎりぎりだった。現在はラウンドアバウト化され、信号機自体なくなっている。

450㎜の4方向1灯点滅

（島根県大田市温泉津町井田イ）

黄点滅側

島根県大田市の山の中にある4方向1灯点滅の信号機。4方向1灯点滅は主に都市の路地にある狭い交差点か農村地帯の十字路で、通常の信号機を設置するには条件を満たさないがそれなりに交通量がある箇所の出会い頭事故防止として設置され、優先道路側が黄点滅、一時停止側が赤点滅となったものが一般的だ（全方向赤点滅というものもしばしば見かける）。

路地や農村部の道路に設置されているということからレンズは直径250㎜のものが主流となっており、滋賀県や北海道などではレンズが直径300㎜のものを使っているが、島根県のこの場所はなんと直径450㎜の大きいサイズの1灯を使用している！ 郊外であっても、広い道路である程度交通量がある場所であれば通常の3灯式の信号機を設置するのが普通であり、450㎜の大きいサイズで、かつこの4方向1灯点滅を使用しているのは全国でもここのみである。450㎜の1灯式は円形をしているので、少しぱっちりとした目と言った印象で可

全景

赤点滅側

愛らしい感じも受ける。

初めて筆者がこの場所に行ったのは平成28年の夏のことだ。JR山陰本線温泉津駅から7㎞ほど離れた場所にあり、駅から徒歩で行くのは困難である。温泉津駅からはコミュニティバス（と言っても乗用車）が出てはいるものの本数は非常に少なく注意が必要だ。当時筆者は免許を持っておらず、また旅費の削減を狙い、神戸市の三ノ宮駅から夜行バスで島根県浜田市へ行き、その後始発の普通列車で温泉津まで戻りこのコミュニティバスに乗って、最寄のバス停で降りて30分程度撮影して、また温泉津駅へ引き返すという日程で撮影している。島根でも県庁所在地の松江市からは100㎞近く、大田市の中心市街地からも30㎞近く離れており、そもそも島根県自体が北海道から行くとどうしても到達難易度が高いので、自分が行った信号機ネタがある交差点の中でもトップクラスにアクセスしにくかった。しかしそれだけ苦労しても十二分に価値のある信号機ネタだと思っている。

青だけ300㎜の450㎜ 撤去済

（愛媛県）

愛媛県西条市中野甲「加茂川橋」交差点

正面

愛媛県松山市「空港通り2」交差点

300㎜の右左折矢印灯器がついたものも

こちらもすでに残念ながら絶滅してしまったネタだが、愛媛県ではかつて青だけ300㎜のレンズとなった450㎜が複数交差点に設置されていた。重要な黄・赤だけ450㎜にするという意図と考えられるが、通常であればすべて450㎜灯火にするのが一般的であるため、なぜこの青だけ300㎜の450㎜が愛媛県内で普及したのかは不明である。300㎜矢印との組み合わせもあり、450㎜灯器の迫力を感じることができた。小糸・日本信号・京三・松下銘板のものが存在し、非常に楽しい愛媛県のネタであった。筆者の中では愛媛県の信号機の象徴、いや、愛媛県そのものだったと言っても過言ではない。かつては愛知県にも設置されていたそうだ。

第12章 変わった矢印

現在は矢印の形状が法令（平成24年4月施行の改正法令）で定められているため、それと異なる形状の矢印の設置は認められていないが、今なお通常とは異なる形の矢印を設置している交差点がごくわずかながら存在する。

折れ曲がった矢印 撤去済

（福岡県福岡市中央区城内「荒戸」交差点）

左斜め矢印点灯時

右斜め奥・右斜め手前矢印点灯時

福岡県福岡市の大きな交差点で、3灯の矢印がいずれも途中で折れ曲がった矢印となっている。道路が斜めに交差しているため、この信号機が設置されている側からは3方向いずれも斜めに進行することになり、通常の矢印ではその指す方向がわかりにくいからだと思われる。先述の通り、矢印の形は決まっているため、このような形状の矢印は通常は認められないが、薄型LED世代でこのような灯器が設置されているのはなんともユニークである。おそらくここでしか見られない唯一無二の矢印灯器だった。灯器は信号電材の薄型である。比較的新しかったものの、すでに撤去済み。

2

円弧を描く矢印

（静岡県浜松市中央区大柳町「大柳」交差点）

左斜め手前矢印点灯時

126ページと同じような事例が、静岡県浜松市の国道1号沿いの交差点にもある。狭い路地向けに設置されている信号機で、この道路からは左斜め手前にしか進行できない。本来であれば左斜め下の矢印を設置すれば良いところではあるが、敢えて大きく円弧を描いて曲がった矢印が設置されている。こちらも前述の通り、法令には基づかない矢印になってしまってはいるが、交差点の形状をリアルに信号機で表現してドライバーにわかりやすく伝える工夫だと考えると非常にユニークである。このような矢印も現在はここにしかないと思われる。

ダブル矢印

（徳島県徳島市不動本町2丁目）

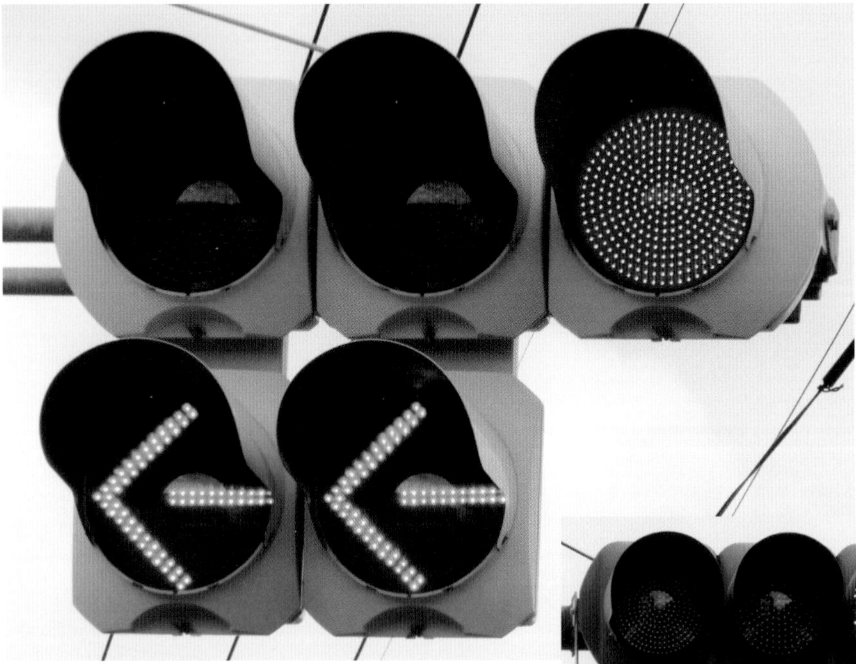

ダブル左折矢印

ダブル直進矢印

徳島県では同じ方向の矢印を2つ設置する“ダブル矢印”の設置が複数確認されている。現在は数が減少してしまい徳島市内の2箇所のみとなっているが、かつては主要交差点でいくつか設置されていたようだ。1つは左折矢印が2つ並んで設置されているタイプ。通常の交差点と特に変わったところがあるわけではなく、おそらく強調の意味合い程度での設置と思われるが、非常に面白い。

徳島市街地には直進矢印が2つ＋右折矢印となっている交差点も一つある。わざわざ直進矢印を2つ表示するために3灯矢印を設置しているところがこれまた面白い。しかもこの箇所は一つのアームで2基車両用信号機を設置する徳島県によくある設置方法となっており、一つのアームに設置されている灯器で4つの、しかもLEDの直進矢印が同時に点灯するため、圧巻である。

第13章

2灯式・4灯式

車両用の信号機は通常3灯式となっているが、1灯式、2灯式、4灯式、そしてかつては5灯式の灯器もあった。

1灯式は交通量の少ない道路の交差点の点滅信号として使われたり、予告信号として黄の1灯式が使われたりしていて、数は多い。2灯式は予告信号として黄・黄の2灯が使われたりしていて、こちらも全国各地に設置されている。4灯式は主に3灯式の灯器に矢印を設置する際に、下に設置できない場合に右か左に並べて設置する場合に使用されている。5灯式は東京都立川市にかつてあったもので、こちらも矢印を青・黄・赤の左右にくっつけたものだったが、かなり昔に撤去され絶滅している。

4灯式

（北海道苫小牧市沼ノ端）

日本信号製

筆者の地元・北海道の、国道36号の苫小牧市郊外の交差点に4灯式の信号機が設置されている。この交差点は真ん中に日高自動車道の高架があり、高架手前から高架の先の灯器を見えるようにするため、低い位置に灯器を設置している。3灯の下に矢印を設置するとより低い位置に矢印が来てしまい、高さの制限を満たせず大型車との接触の恐れがあるため、3灯の右に矢印を設置している。

1基は日本信号製、残る3基は信号電材製の灯器だ。日本信号のものは面拡散タイプの薄型、信号電材製のほうは設置時期により2種類あり、一つは通常の素子LEDタイプ、もう一つは面拡散LEDタイプとなっている。

4灯にして設置してもなおぶつけられることが多いようで、日本信号の4灯のほうも以前は素子タイプのLEDのもので、後世代の同じ日本信号製の薄型に更新され現在に至るが、交換後もまた庇が歪んでしまっている。

信号電材製（通常の素子LED）

信号電材製（面拡散LED）

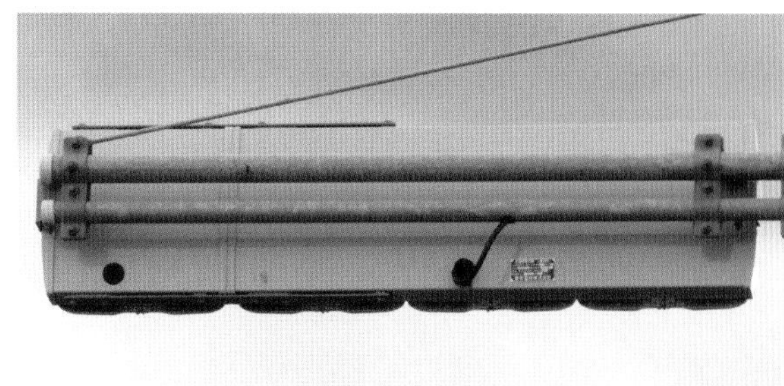

信号電材製（面拡散LED）背面

黄・赤2灯式（縦型）

（北海道帯広市、北海道旭川市）

北海道帯広市西2条南12丁目（帯広駅前）

赤点灯時

黄点滅時

黄・赤の2灯は北海道や兵庫県にある。北海道にあるものはいずれも縦型で、帯広駅前と旭川駅前にそれぞれ設置されている。

帯広駅前の黄・赤の2灯は、駅前のバスターミナルに設置されている路線バス用の信号機だ。押しボタン信号機として使用されており、歩行者が押しボタンを押すと、2灯式が黄現示→赤現示と

北海道旭川市宮下通9丁目(旭川駅前)

黄点滅時

変わる。通常の3灯式でも良さそうだが、駅前のバスターミナルの中の道路にあり、急カーブで見通しが悪く、信号機を無視して横断する歩行者も多いためか青現示ではなく黄点滅現示にして注意を促し、使用しない青がない2灯式を使用しているようだ。灯器はLED信号機の導入が遅かった北海道では極めて珍しい、小糸のユニットタイプのLEDが使用されている。

旭川市の旭川駅前にも黄・赤の2灯式がある。こちらは急カーブした立体駐車場への道路からバスターミナルへの道路が分岐するという、変わった形の丁字路のようになっている。帯広のものと同じく、見通しが悪く横断歩行者が多いからか、青・黄・赤の3灯式ではなく青の代わりに黄点滅現示を使用し、

赤点灯時

歩行者用は青点灯となる

青は不使用のため2灯式を使用している。この灯器が面白いのは、なぜか円形のレンズに四角いマスクを入れて四角く光らせていることだ。何の意味があるのかは不明。

ちなみにこの交差点には歩行者用信号機もあるが、こちらもなぜか通常の歩行者用信号機ではなく同型の車両用信号機を使用しており、同様に四角く光るように加工がされている。また車両用、歩行者用ともに北海道では普及していない融雪パネルのようなものもレンズの表面に取り付けられているなど、試験要素満載である。平成26年に登場し、灯器自体はすべて信号電材の薄型LED面拡散タイプだ。

レンズ部には融雪ヒーター

黄・赤2灯式（横型）

（兵庫県神戸市）

兵庫県加西市上宮木町「加西中学校前」交差点 撤去済

黄点滅時

赤点灯時

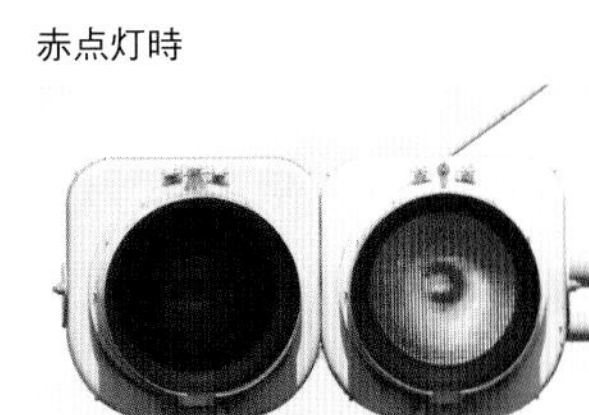

兵庫県神戸市灘区原田通2丁目1

黄点滅時

赤点灯時

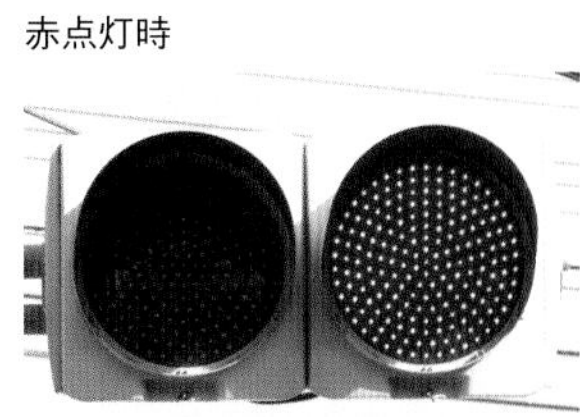

兵庫県では136ページで紹介する赤・赤の2灯式が数多く設置されているのが特徴だが、黄・赤の2灯もいくつか設置されている。赤・赤の2灯式、黄・赤の2灯式のいずれも、5差路や6差路の交差点で交差している道路のうち交通量の少ない道路向けに設置されており、他の道路の信号機が青になるタイミングで一緒に2灯式がある側も進行させるため、注意喚起のため黄や赤が点滅して車を進行させている。黄・赤のある道路のほうが赤・赤のある道路よりも交通量が多い場合が多い。現在兵庫県内ではここで紹介しているLEDの1箇所しかなくなってしまった。

設置状況

赤・赤2灯式 撤去済

（兵庫県）

兵庫県宝塚市野上1丁目

赤点滅時

兵庫県内では赤・赤の2灯式を、信号交差点の交通量の少ない道路向けに設置している交差点がたくさん見られる。基本的にはほかの道路の信号機や歩行者用信号機が青のときに交差点へ進入させるようなサイクルの箇所で設置されていて、一時停止してから交差点への進入を促すため、進行させるときは左の赤が点滅し、停止させるときは右の赤が点灯し赤現示となる。このようなサイクル自体は他県でも見られるが、大抵の場合赤の1灯式を使用するので、赤・赤の2灯式をこれだけ多く使うのは兵庫

赤点灯時

兵庫県伊丹市中野西4丁目

赤点滅時

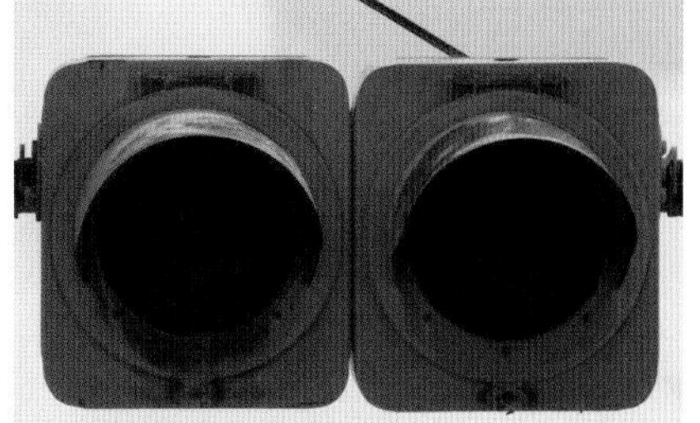

県だけである。

兵庫県は路地では250㎜の樹脂が極めて多く、この赤・赤信号機も例に漏れないが、かつては1箇所だけ日本信号の古い鉄板製のヴィンテージものが伊丹市に、京三の通称宇宙人型のものが宝塚市にあった。最近でも設置例はあり、日本信号製や信号電材製の低コスト灯器の赤・赤もある。変則交差点において、同じく兵庫県によくある黄・黄・赤の変則配列と一緒に設置されることもある。

赤点灯時

左端または下端の灯火を使用しない3灯式

（兵庫県）

兵庫県高砂市米田町島「島」交差点

赤点滅時

赤点灯時

兵庫県内では赤・赤の２灯式と同じ用途に３灯を用いている場合が数例確認されている。とは言っても基本的に使い方は赤・赤の２灯式と変わらず、通常の信号機で本来青である部分は使用していない。高砂市、神戸市では薄型LEDのもので不明・赤・赤の配列のものがあり、赤・赤と同じ使い方をしているが、一番左の素子が何色であるかは不使用であるため不明である。真ん中の赤が点滅現示で使用され、右赤は赤現示で使われている。高砂市にあるも

兵庫県神戸市中央区三宮町1丁目

赤点滅時

赤点灯時

のは日本信号製の薄型、神戸市にあるものは信号電材製の面拡散タイプの薄型である。

新温泉町の国道9号の山の中にある交差点にも、従道路側に感知式で不明・赤・赤の日本信号製の面拡散の薄型が設置されていた。こちらは押しボタンを押すか、車を感知したときに真ん中の赤が点滅するようになっている。同じ交差点の対面側は本来青の位置の部分に蓋がされて、蓋・赤・赤の配列となっているものがあるが、用途は同じである。

宝塚市には黄・赤・赤の配列の信号機が1基設置されている。こちらも基本的には赤・赤の2灯式と同じ動作で左の黄は使用しない。灯器は樹脂灯器の250㎜となっている。

兵庫県美方郡新温泉町井土「出合橋」交差点 撤去済

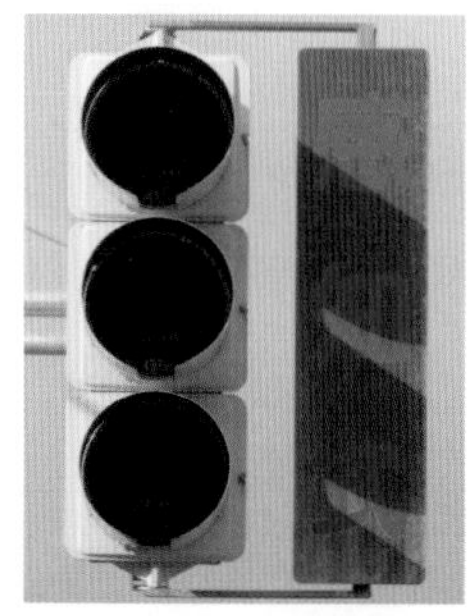

赤点滅時

赤点灯時

兵庫県伊丹市山本東３丁目「山本駅交番前」交差点

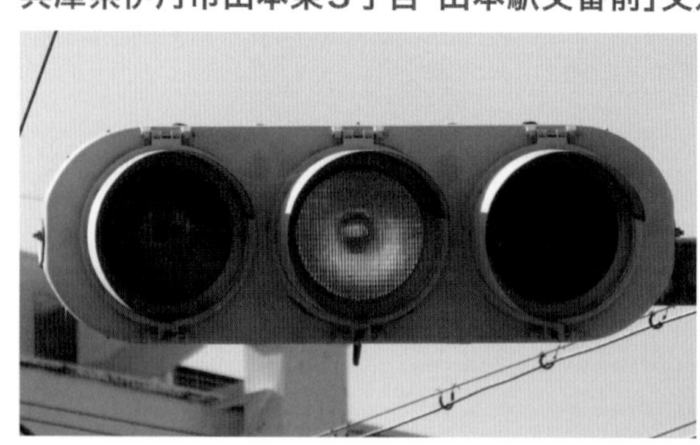

赤点滅時

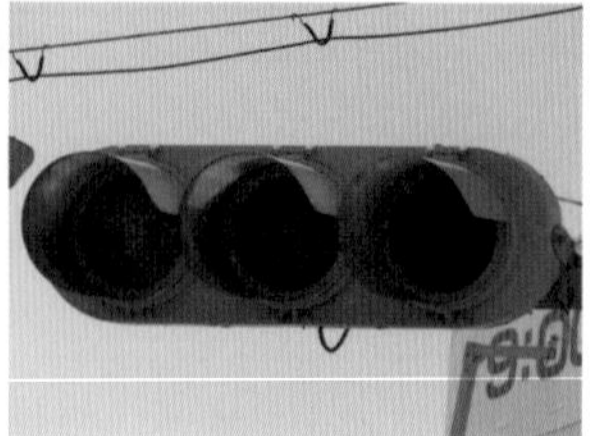

兵庫県美方郡新温泉町井土「出合橋」交差点 撤去済

赤点灯時

赤点滅時

赤点灯時

赤・赤＋矢印灯器

（兵庫県揖保郡太子町　「山田」交差点）

右折矢印点灯時

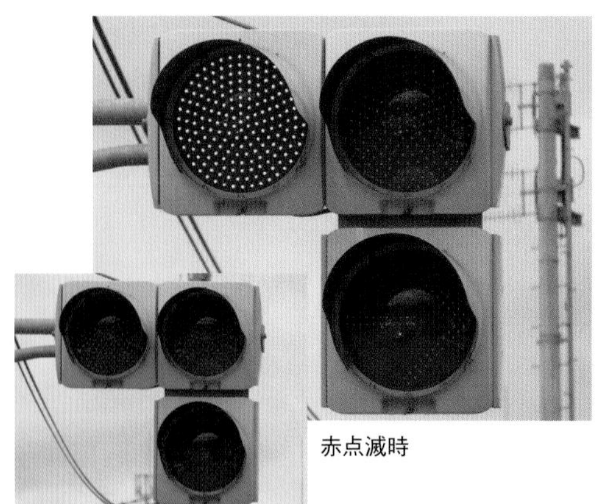
赤点滅時

赤点灯時

赤・赤2灯の応用バージョンとも言える灯器が、兵庫県の太子町にある。この交差点はト字路に一方通行路がさらにくっついたような形をしているが、一方通行路向けの信号機が赤・赤の2灯＋矢印となっていて、主道路側が青現示のときは主道路に進入しないように、もう一つの従道路への右折現示となっている。主道路側が赤になり、もう一つの従道路側が青になると、この信号機が左の赤点滅現示に変わる。普通の赤・赤の右赤点灯現示の代わりが右赤＋矢印となっているようなサイクルになっている。

信号機の基礎知識

1 交通信号機とは

交通信号機は、日本全国に20万箇所以上あり、日々交差点や横断歩道の交通安全を見守っている。信号機は交通事故の防止や円滑な交通には欠かせず、街を歩けばまず見ないことはないほど身近なものである。その一方で、信号機と言うと、赤信号で長時間待たされる、渋滞の原因など比較的マイナスなイメージをもたれている場合も多く、信号機自体に興味を持つ人は非常に少ない。信号機は実は細かく分けていくと１０００以上の種類がありバリエーションが豊富だ。ここではそんな信号機の基礎知識について詳しく見ていく。

2 信号機の役割・種類・灯火の意味

信号機の役割は、主に3つ。まずは一番重要な役割である交通事故の防止だ。交通を時間別にそれぞれ区分することにより、車同士や車と歩行者の衝突事故を防止する。

二点目は、車の流れの制御。交通量に合わせて信号機のサイクルをセットすることにより、車の流れを円滑にする。三点目は、交通環境の改善。一時停止などの運転者による車の停止回数が少なくなり、安定した交通を維持できるので、交通公害を減少させることができる。

信号機の種類は、まず車両用の信号機と歩行者用の信号機の2つに大別できる。車両用の信号機は、基本的には青・黄・赤の3色が円形に光るものとなっている(例外となるものが多数存在するのは前の章で触れたとおりだ)。歩行者用の信号機は、青・赤の2色に四角い形で光り、人形が描かれている。また車両用信号機には矢印が描かれた信号機が設置されることがある。

信号機の灯火の意味については、道路交通法により定められている。その意味をここで改めて噛み砕いて説明する。

・青灯火

歩行者は進行可。車両及び路面電車は直進、左折、右折ができる。

・黄灯火

歩行者は横断を始めてはならず、道路を横断している歩行者等は、速やかに、その横断を終わるか、または横断をやめて引き返さなければならない。車両及び路面電車は停止位置を越えて進行してはならないこと。ただし、黄色の灯火の信号が表示された時において、当該停止位置に近接しているため安全に停止することができない場合を除く。

・赤灯火

歩行者等は、道路を横断してはならないこと。車両等は、停止位置を越えて進行してはならないこと。交差点において既に左折している車両、右折している車両等は、そのまま進行することができること。この場合において、当該車両等は、青色の灯火により進行することができることとされている車両等の進行妨害をしてはならない(交差点においてすでに右折している多通行帯道路等通行一般原動機付自転車、特定小型原動機付自転車及び軽車両は、その右折している地点において停止しなければならないこと)。

・人の形の記号を有する青色の灯火

歩行者等は進行することができる。特例特定小型原動機付自転車及び普通自転車は、横断歩道において直進をし、又は左折することができること。

・人の形の記号を有する青色の灯火の点滅

歩行者等は、道路の横断を始めてはならず、また道路を横断している歩行者等は、速やかにその横断を終わるか、又は横断をやめて引き返さなければならないこと。横断歩道を進行しようとする特例特定小型原動機付自転車及び普通自転車は、道路の横断を始めてはならないこと。

・人の形の記号を有する赤色の灯火

歩行者等は、道路を横断してはならないこと。横断歩道を進行しようとする特例特定小型原動機付自転車及び普通自転車は、道路の横断を始めてはならないこと。

・青色の灯火の矢印

車両は、黄色の灯火又は赤色の灯火の信号にかかわらず、矢印の方向に進行することができること。

・黄色の灯火の矢印

路面電車は、黄色の灯火又は赤色の灯火の信号にかかわらず、矢印の方向に進行することができること。

※歩行者や通常の車両は従ってはいけない

・黄色の灯火の点滅

歩行者等及び車両等は、他の交通に注意して進行

することができること。※徐行と勘違いしがちだが、徐行の必要はなし

・赤色の灯火の点滅

歩行者等は、他の交通に注意して進行することができること。車両等は、停止位置において一時停止しなければならないこと。※車両は必ず一時停止後進行

3 信号機の各部位の名称

灯器

この解説画像の一式(要するに光る部分全体)を灯器と呼ぶ。

レンズ

信号機の光る部分のことで通常車両用ならば円形、歩行者用ならば正方形の形となっている。電球式ならばその光るべき色(青・黄・赤)となっており、LED式の場合は透明か灰色がかった色になっている。

庇(フード)

レンズ部に付いている日よけの役割を果たすもの。メーカーによって形や長さが違い、特徴が出る。LEDになりこの役割は薄れ、最近はこの庇がない低コスト型の信号機が主流になりつつある。

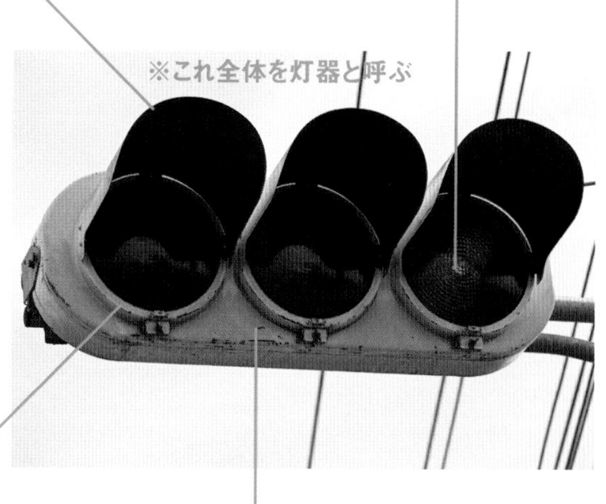

蓋

レンズ部を開けるときのためのもの。電球式信号機の場合、電球交換の際ここを開閉する。筐体前面ではなく背面が開く灯器もある。

筐体(灯箱)

信号機のいわゆる光る部分の周りの、金属ないし樹脂やFRPでできた"がわ"の部分のこと。

銘板（プレート）

通常、筐体の背面についており、メーカー・製造年月・形式などが記載されていて、我々信号機マニアにその信号機の情報を教えてくれる。

アーム

灯器を設置する際、電柱（信号柱）と灯器を接続する金属の支持棒のこと。通常２本が主流だが、１本で設置している場合もある。

補助信号

主信号

交差点に向かって、交差点の左奥側、運転手から見て正面奥側に来る信号機を主信号と呼ぶ。右手前側、交差点の手前側にある信号機を補助信号と呼ぶ。

補助信号がない交差点も多々あり、また主信号や補助信号の位置が左右逆、つまり主信号が交差点の右奥側または補助信号が左手前側になっている交差点も時折見られる（岐阜に多い）。交差点奥側にある信号機を主信号と呼ぶというイメージで基本的には良い。

4 信号機の材質

信号機の材質は大きく分けて金属製、樹脂製、FRP製の３種類（鉄板、アルミ、樹脂、FRPの４種類とも）がある。

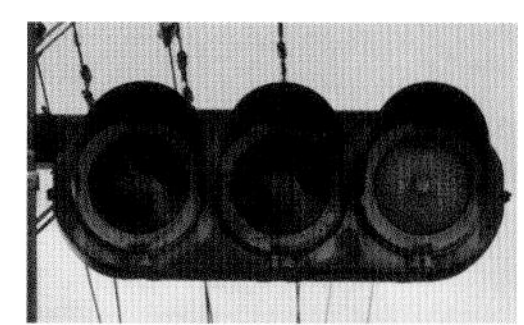

金属（鉄板）製

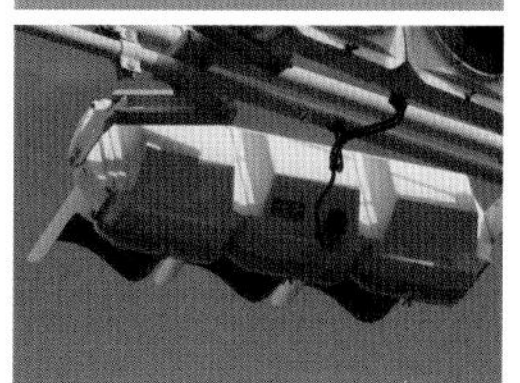

金属（アルミ）製

・金属製（鉄板製、アルミ製）

古くから信号機に使われている材質で、平成一桁年代のころにアルミ製の信号機が登場するまでは鉄製だったため、古い信号機はサビがひどく進行しているものも。鉄製のものもアルミ製のものも幅広く全国にある。鉄製に関しては特に沿岸部ではサビの進行が塩害によりひどくなるため、後述の樹脂製を採用する県もあったようだ（徳島県、愛知県など）。ただ昭和40年代ころまでは金属製（鉄製）か、後述のFRP製の2つしかなかったようで、沿岸部においても金属製（鉄製）が採用されていたという。平成に入ってから設置されたアルミ製の信号機は全国的にもすぐ普及した。

・樹脂製

昭和40年代末期から設置され始めたポリカーボネート製の信号機のことを指す。上述の通り、それまでメインで設置されていた金属製（鉄製）は錆びやすく沿岸での設置に向かないこともあり、この材質の信号機を積極的に採用した県も多かった（北海道、青森県、愛知県、兵庫県、徳島県など）。錆びないことがウリだ。経年劣化で灯器が黄色っぽく変色する。また緑や茶色など景観に合わせた色に塗装した際は剥げやすく、金属製灯器に比べ庇などが割れやすい。昭和51年ころから登場。三協高分子というメーカーが主に製造し

ているが、銘板は大手3社や松下製となっている場合が多い(小糸のみ自社製が大半)。多くの県で平成一桁年までの設置だったが、北海道など一部では平成二桁年に入ってからも設置していたところもある。

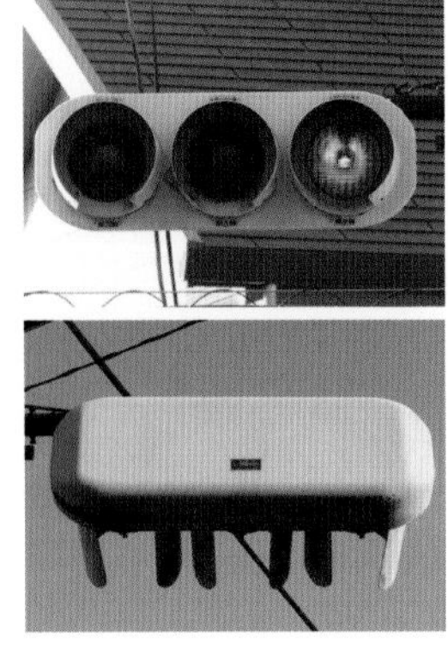

・FRP製

非常に少数派の材質の信号機。上の樹脂製とひとくくりにする分け方もあると思うが、ここでは敢えて分類。全国的に普及した樹脂製の信号機が登場する前の昭和40年代からすでにあった材質のもの(いつころ登場したか詳細不明)。こちらも特性としては樹脂製と同じく錆びないことが挙げられる。また樹脂製のように黄色っぽく変色することはなく、ヴィンテージものであっても綺麗な白色で残存している。形自体は金属製(鉄製)の信号機に近いものとなっているが、特に日本信号・京三のFRP灯器は庇が毛羽立っていることで見分けが付きやすい。採用された場所は限られていて、かつては東京都にあったほか千葉県や徳島県などで以前は多く見られたが、現在では数が激減している。

5 信号機のメーカー

ここでは信号機の灯器を製造しているメーカーを取り上げる。

・大手3社(コイト電工・日本信号・京三製作所)

この大手3社が昭和の古い時代から信号機の製造事業に携わってきた。残念ながら京三製作所については自社製の信号機の灯器の製造を平成29年に中止している。コイト電工・日本信号については現在でも積極的に信号機の灯器を製造しており、全国各地に設置されている。なおコイト電工については昭和43年に小糸製作所から小糸工業に信号灯器の製造が移管され、さらに平成23年にコイト電工に信号機製造事業が移管されている。

小糸工業（現・コイト電工）（車両用）

日本信号（車両用）

京三製作所（車両用）

小糸工業（現・コイト電工）（歩行者用）

日本信号（歩行者用）

京三製作所（歩行者用）

・信号電材

平成に入り急成長を遂げた。現在では全国各地一部の県を除きほとんどで採用され、見飽きたと言うほどあちこちに信号電材の信号機が設置されている。同社は特に積極的にOEMを行っている。OEMとはOriginal Equipment Manufacturingの略であり、設計、生産までを委託して製品を製造することだ。発注元企業は商品企画と販売のみを行う。信号機で言えば、信号機の灯器自体の設計、生産をOEM受注企業が行い、製造メーカーの名前は発注元企業となる。昔から信号機製造においては何らかの事情によりこのようなOEMは行われてきている。信号電材は昭和末期か

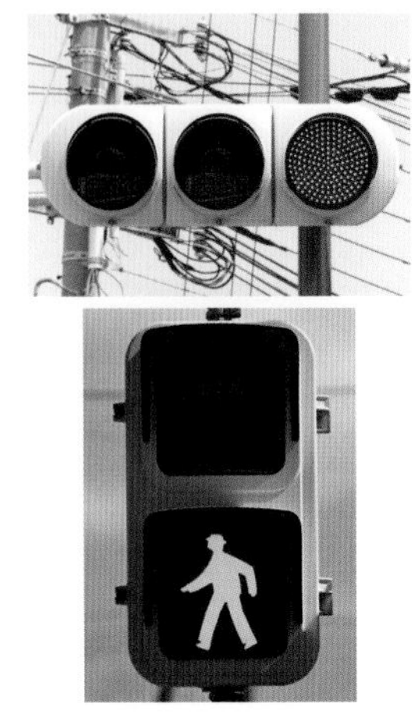

ら平成初期にかけて積極的にOEM受注企業となり、信号電材の本社がある九州地方では数多く信号電材製の灯器が小糸・日本信号・京三などの大手メーカーの銘板を取り付けられて設置された。また、平成29年に京三製作所が自社製の信号機製造を中止してからは、京三製作所の銘板がついた信号機は100%信号電材で製造された灯器となっている。その他、現在オムロンソーシアルソリューションズ、星和電機（ともに後述）もOEMを行い信号電材の灯器を使用しているため、実質4メーカー分の灯器が信号電材製造となっているわけで、全国的にも同社製造の灯器の設置数は膨大である。

・**星和電機**

LED信号機が普及するようになってから新規参入したメーカーであるため、電球式信号機は製造していない。当初は信号機の灯器自体も製造し、背面が円錐台のような形になった非常に特徴的な形の信号機を製造していた。全国的には設置されていない県も多かったが、青森県、茨城県、京都府など一部の県で積極的に採用された。平成21年ころから自社製の信号機の灯器の製造を中止し、信号電材の灯器を使用するようになっているが、LED素子のみ星和電機の自社製のものをしばらく使用していた。現在は灯器、LED素子いずれも信号電材のものを使用している。

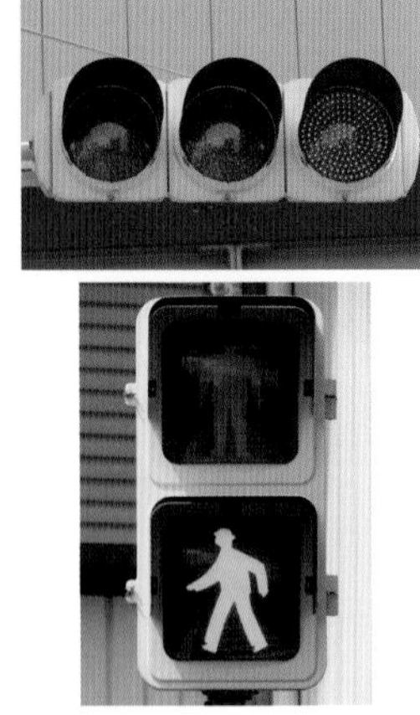

・**三協高分子**

材質のところでも触れた樹脂製の信号機の元祖を作った製造元である。日本信号・京三製作所のほか、松下電器、オムロン、住友電工（いずれも後述）に

OEMで樹脂製の灯器を提供。OEMでの提供がメインで自社製の銘板を付けた信号機は実は少ないが、愛知県にはその自社製の樹脂製の灯器も存在。その後アルミ灯器も製造するが、こちらも積極的にOEMで灯器を提供し、愛知県を中心に普及した。薄型LEDの世代になって灯器が小型化した後も独自の灯器を製造し続け、全国的なシェアは大きくないが、青森県、大阪府、鹿児島県などで多く設置されている。

・**松下電器産業**

松下通信工業という社名で、昭和40年代後半に自社製と思われるFRP製の信号機の灯器を製造。その後は三協高分子から樹脂製信号機のOEM提供を受け、青森県・山形県・愛知県・大阪府などを中心に多くの松下銘板の樹脂製信号機が設置された。平成15年に「松下電器産業」へ信号機製造が移管された後も三協高分子からOEM提供を受けながら製造を続けた。京三製作所からもアルミ灯器のOEM提供を受けていた時期もあり、このアルミ灯器は青森県・山形県や愛媛県などで多く設置されている。薄型LED世代になると松下銘板の信号機は設置されなくなった。

ここからは自社で信号機を製造せず、OEM提供のみを基本的に行っていたメーカーをいくつか軽く紹介する。

・**陸運電機(現・交通システム電機)**

昭和40年代前半ころから昭和53年ころまで、小糸工業からOEM提供を受けて東京都などに少数設置された。その後東京都内では設置されなくなったが、北海道ではわずかに昭和54年ころまで継続して設置

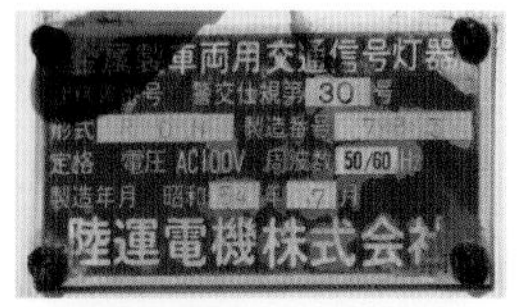

された。また新潟県でも京三からOEM提供を受けた灯器の設置が確認されている。その後しばらく信号機の灯器の設置が確認されなかったものの、平成11年に「交通システム電機」への改称を経て、平成14年ころに突如信号電材からOEM提供を受け北海道に縦型灯器と歩行者用の灯器が設置された。現在は灯器は製造していないようである。

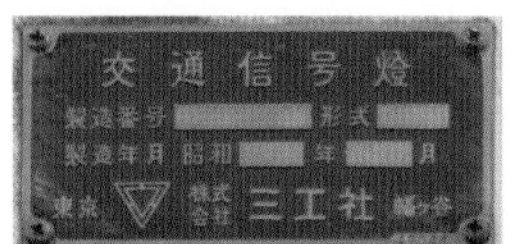

・三工社

　こちらも陸運電機と同時期の古い昭和40年代前半より、最初は京三製作所から、次に日本信号、昭和50年代に入って小糸工業からそれぞれOEM提供を受けて東京都内に少数設置された。その後しばらく設置はなかったが、平成18年ころに山梨県と埼玉県で日本信号からOEM提供を受けたLED信号機がいくらか設置され、その後都内でも薄型LED信号機が設置された。

・住友電気工業

　こちらは昭和50年ころに大阪府に少数、日本信号からOEM提供を受けた金属丸型が設置された。設置数は少数だったようで、現在大阪府内でわずかに確認されている。その後昭和50年代前半～平成一桁年代まで樹脂製の丸型を三協高分子からOEM提供され、わずかながら設置されている。千葉県では他県に比べ多く設置されている。LED信号機はない。

・立石電機（現・オムロンソーシアルソリューションズ）

　昭和50年代前半から三協高分子よりOEM提供さ

れ、樹脂製の丸型が少数設置されている。山形県・三重県・大分県などに多い。平成2年にオムロンへ社名変更。その後はアルミ灯器を京三からOEM提供されていたが、同時期で同じ形のアルミ灯器のOEM提供を受けていた松下製のものより数は非常に少ない。青森県・山形県・富山県などで稀に設置されている。その後しばらくオムロン製の信号機は登場しなかったが、平成23年に交通機器関係の事業が「オムロンソーシアルソリューションズ」に移管されたのを経て、平成27年ころに信号電材からOEM提供された灯器が北海道・宮城県・茨城県・大阪府などで設置された。現在の小型化された低コストのLED信号機になってからも信号電材からのOEM提供を受け設置がされていて、数を着々と増やしている。

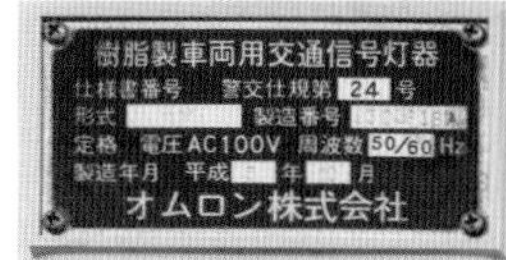

・**名古屋電機工業**

昭和50年代はじめころに、独自の4方向の車両用および歩行者用の信号機を集約した非常に斬新な集約灯器を製造。愛知県名古屋市で初めて設置された後（名古屋に設置されたものはかなり昔に撤去済み）、宮城県仙台市を中心に複数設置された。この集約灯器があまりにも有名なのだが、平成に入ってからはほぼ製造されていない。平成30年ころに日本信号からOEM提供を受けた低コスト灯器が大阪府で設置され、わずかに府内で見られる。

そのほか、関西シグナルサービス株式会社というメーカーが日本信号からOEM提供を受けた低コスト灯器が、関西エリアで少数ながら設置されている。

6 車両用の信号機の形と灯数

横型

縦型

2灯式

4灯式

1灯式

日本の車両用の信号機でメインとなる種類のものが横型灯器だ。雪があまり降らない本州の太平洋側・四国・九州など多くの地域でよく設置されているほか、豪雪地帯でも高架下など縦型灯器が見辛くなってしまう場所では設置されている。

雪の多い本州日本海側・本州内陸の一部地域・北海道などで主流となっているのが縦型灯器。雪の降らない地域でも横型灯器の補助的な役割で、縦型のほうが見やすい場合によく設置されている。また、雪の多い地域で雪対策として縦型が設置されるようになったのは昭和50年代以降であったため（各県で導入時期に非常にばらつきあり）、それ以前の古い信号機については雪の多い地域であっても横型で設置されていた。また自転車専用の灯器などでもこの縦型が使われることがほとんど。

通常、車両用信号機は青・黄・赤の3つのレンズが並んだ3灯式が主流であるが、前方に信号機があることを知らせる予告信号などで黄ないし赤が1つのみの1灯式のものや、黄・黄や青・黄など2つのレンズしかない2灯式、さらには矢印を下に設置するスペースがない場所などで矢印を青・黄・赤の左ないし右に配置して、4つ並びになった4灯式なども一部では設置されている。

また1灯式については、交差点の真ん中に1灯式を4方向に向けて設置した4方向1灯点滅と呼ぶ信号機が、都市の路地や郊外の農道の交通量の少ない十字路などに設置されていることがある。2方向は常時黄点滅、もう2方向は常時赤点滅となっていて、道路の優先を示している。中には通常の3灯式の信号機と同じように交差点の四隅に1灯式を設置したり、全方向を赤点滅とし、全方向に一時停止を促すところもあったりとさまざまである。愛知県や宮崎県、北海道では非常に数が多かったが、この4方向1灯点滅自体の存在意義が近年問われており、急速に減少している。この方式の1灯点滅が丁字路交差点や5差路交差点で採用されることもあり、3方向や5方向の1灯式を集約した設置も見られる。

5方向1灯点滅

7 信号機のレンズの大きさ

車両用信号機のレンズの大きさは、主に直径が200㎜、250㎜、300㎜、450㎜の4種類が存在する。

・200㎜

現在は設置されておらず、昭和40年代ころに狭い路地などを中心に設置されていたようだ。現在公道ではほとんど撤去され目にすることはないが、例外として静岡県と京都府で自転車用の専用灯器として見ることができる。

200㎜の角形

200㎜の自転車用
LED灯器

・250㎜

次に紹介する300㎜と合わせて日本全国で設置されているサイズの一つ。300㎜のサイズの信号機が登場する昭和40年代以前はこのサイズがメイン、先ほど紹介した200㎜のものがサブで設置されていたようで、昭和40年代になって300㎜のサイズのものが登場しても片側1車線の路地などを中心に数多く設置されたサイズである。都道府県によっては広い道路や主

250㎜灯器

3灯は300㎜のLED、矢印は低コスト250㎜

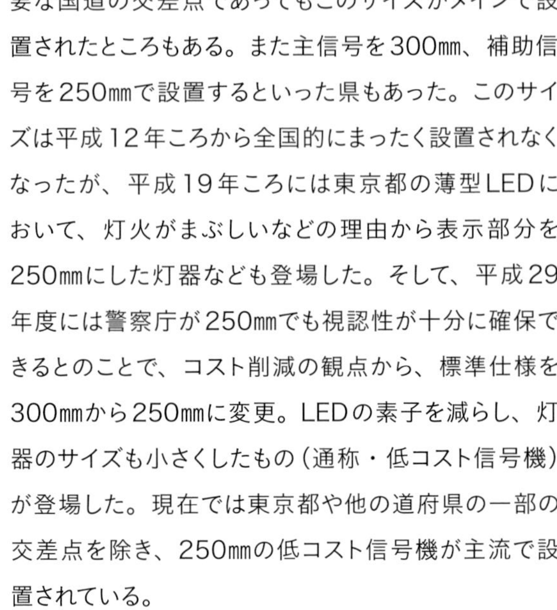

要な国道の交差点であってもこのサイズがメインで設置されたところもある。また主信号を300㎜、補助信号を250㎜で設置するといった県もあった。このサイズは平成12年ころから全国的にまったく設置されなくなったが、平成19年ころには東京都の薄型LEDにおいて、灯火がまぶしいなどの理由から表示部分を250㎜にした灯器なども登場した。そして、平成29年度には警察庁が250㎜でも視認性が十分に確保できるとのことで、コスト削減の観点から、標準仕様を300㎜から250㎜に変更。LEDの素子を減らし、灯器のサイズも小さくしたもの（通称・低コスト信号機）が登場した。現在では東京都や他の道府県の一部の交差点を除き、250㎜の低コスト信号機が主流で設置されている。

300㎜灯器

・300㎜

昭和40年代前半に登場した、現在おそらく一番多く目にするサイズの信号機である。全国の交差点、特に広い道路や主要道路向けの信号機の多くはこのサイズのものが設置されている。長らくメインとして位置づけられ、平成12年以降はしばらくこのサイズの信号機しかほぼ設置されなくなった時代もあった。低コストタイプ以外のLED信号機は基本ほとんどがこのサイズ（東京都で設置のものを除く）。前述の通り、低コスト信号機が登場してからは東京都や他の道府県の一部を除きあまり設置されなくなった。

・450㎜

広く大きな交差点などで電球式信号機を採用していた時代に一部設置されていたサイズ。非常に大きく、実際目にすると迫力があって驚く。一部の県でしか採用されず、以前は岐阜県などで大量に設置されていたほか、大阪府・長野県・福島県・群馬県などで積極的に採用されていたが、現在ではLED信号機の視認性が良いこともあって更新が進み、全国でもわずかしか残っていない。材質はFRP製となっており、大きいサイズであることから軽量化をはかっているものと思われる。写真は450㎜と300㎜の比較。随分大きさが違う。

450㎜灯器

左が450㎜、右が300㎜

車両用信号機のうち、矢印信号機のレンズについては250㎜がかつてメインであった県であっても300㎜のものが多く設置された。矢印の表示が250㎜では見辛いためと思われる。矢印も含めて250㎜で設置された県もあり、現在でも福島県・茨城県などで見ることができるが数は少ない。450㎜の矢印も存在する。200㎜の矢印もかつては存在したそうだ。群馬県にはかつて青・黄は250㎜、赤は300㎜、矢印が450㎜という3つのサイズの大きさの違いがわかる信号機が設置されていた(現在は撤去済み)。

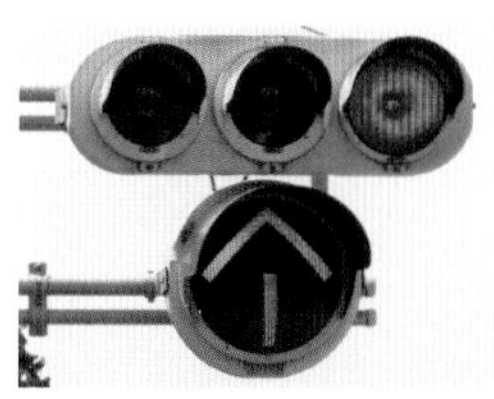

3灯の青・黄が250㎜、赤が300㎜で矢印は450㎜

歩行者用信号機の信号機のレンズの大きさは1辺250㎜であり、この1種類しかない。

歩行者用はすべて一辺250㎜

8 信号機のレンズの種類

信号機のレンズの種類はさまざまであり、細かく分けるともっと種類があるのだが、煩雑になるためここでは代表的かつ大まかな分け方を取り上げる。名称は通称である。なお小糸は基本的に自社でレンズを製造しており、日本信号や京三は主にSTANLEYというメーカーのレンズを使用している場合が多い。

❶小糸自社製のレンズ

・ドットレンズ

ドット状の模様があるレンズで300㎜灯器のみに採用。古い小糸製の信号機に使用され、300㎜設置当初の昭和40年前半〜昭和50年代後半まで設置された。群馬県では比較的期間が長く、昭和62年ころまで採用。透明度が高く、青が青色っぽく、黄・赤も色が濃いのが特徴。

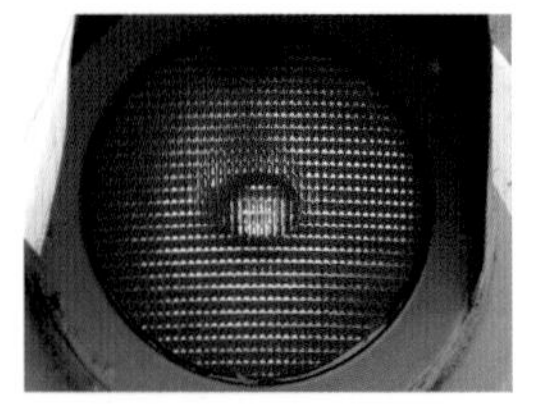

・三角模様レンズ

格子模様ベースに斜めの三角がかった形をしている。次で紹介する格子レンズが登場する前、昭和40年代の250㎜のビンテージ信号機に採用されていたレンズで、青が濃い水色っぽい色合い。

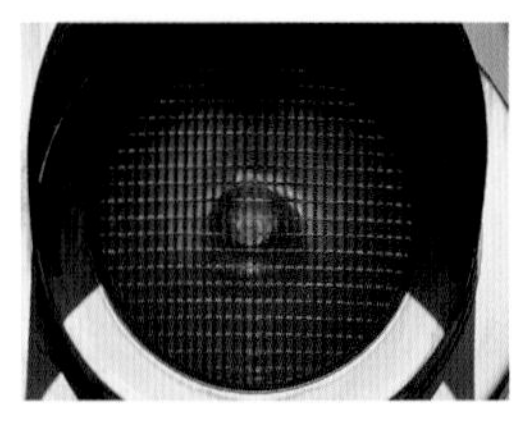

・小糸格子レンズ

昭和49年ころに登場した250㎜のレンズ。色合いがこちらも非常に青色っぽく、他の黄・赤も色が濃く透明度が高いのが特徴で、前の三角模様レンズにあった斜めの模様がなくなり、格子状となっている。こちらも昭和50年代後半くらいまで設置され、群馬県では昭和62年ころまで採用された。

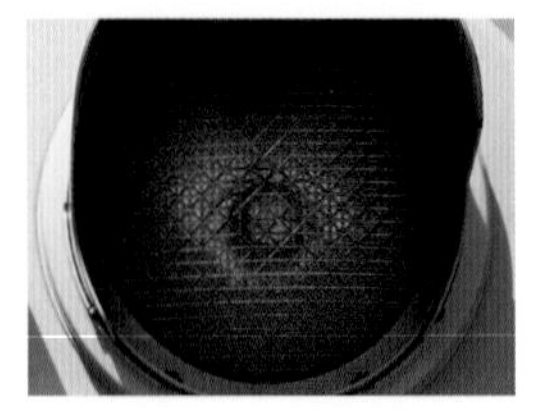

・二重格子レンズ

昭和52〜54年ころの一時期だけ採用されたレンズ。一見よく見ると方眼用紙を45度ずらして2枚重ね合わせたような直角三角形が並んだ模様となっている。

基本的には樹脂灯器にのみ採用された。設置された期間が非常に短かったため、数は少ない。300㎜、250㎜両方に使われている。

・小糸網目レンズ

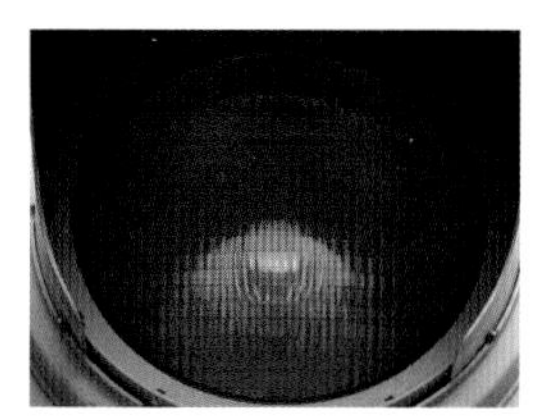

格子レンズの次、昭和50年代後半に登場したレンズで網目状のレンズ模様となっている。色合いが格子レンズに比べて青が緑っぽく、赤が薄い色に変化しているが、同時期のSTANLEY製のレンズよりは色が濃い（特に黄色）。300㎜灯器、250㎜両方に使われている。樹脂灯器、鉄板灯器両方にこの模様のレンズが採用された。

・小糸ブツブツレンズ

平成一桁年代に登場した、ブツブツ感があり四角形が飛び飛びで並んだような模様のレンズ。300㎜、250㎜両方に使われている。樹脂灯器、鉄板灯器、アルミ灯器と幅広く使われた模様のレンズである。

・小糸西日対策レンズ（渦巻き）

電球式信号機は電球が白色（電球色）でレンズに色がついているため、各色に見えるという仕組みになっている。そのため、点灯していないときも色が付いていることから、西日などが直接当たった際、擬似点灯と言って電球が点灯していない色もまるで点灯しているように見えて、色を誤認する恐れがあり非常に危険である。それを防止するために工夫されたレンズを通称西日対策レンズといい、小糸独自のものが3種類存在する。まず最初に開発されたのがこの渦巻きレンズで、その名のとおりまるで渦を巻いたような同心円状の模様の

レンズとなっている。平成一桁年代前半から設置された。東京都や徳島県、静岡県など早い段階から西日対策を積極的に行った県でのみ採用された。こちらも250㎜、300㎜両方に使われていて、樹脂・鉄板・アルミとの組み合わせがあるが、樹脂やアルミ＋渦巻きレンズのものは極めて稀。

・小糸西日対策レンズ(ブツブツ)

上記の次に採用された西日対策レンズがこちらで、先に紹介したブツブツレンズと模様はほとんど同じだが、色合いが黒ずんだものとなっている。こちらも250㎜、300㎜両方に使われているが、250㎜は少ない。また基本的にはアルミ灯器との組み合わせのみ。このレンズの後の世代に二重構造の西日対策レンズが登場するのだが、ここでは割愛。

❷STANLEY製のレンズ

STANLEY製のレンズは主に日本信号・京三の灯器に長きに渡り使用されてきたレンズである。

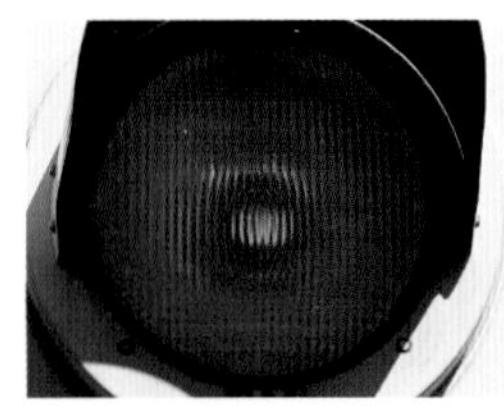

・STANLEY網目レンズ

小糸の網目レンズと模様としては同じであるが、色合いが小糸のものより基本的に薄い色をしている。また世代によってもかなり色合いにばらつきがあり、昭和40年代の日本信号・京三の灯器に使われていた網目レンズは青が黄緑色に近い色、赤が橙色に近い色だったが、昭和50年代の灯器のレンズはもっと色合いが濃くなり、かつ黄はレモン色っぽい色となっていたことからレモンレンズとの名もある。250㎜、300㎜両方に使われていて、日本信号、京三の鉄板製の灯器に使われたレンズである。

・STANLEYブツブツレンズ

小糸のブツブツレンズに近い模様のレンズではあるが、模様の四角の間隔が横に広かったりと微妙に異なる。250㎜、300㎜両方に使われており、日本信号、京三の鉄板やアルミ製の灯器などに使われた。平成一桁年代に入ってから登場した比較的新しいレンズである。

・STANLEY西日対策レンズ(ダークアイレンズ)

小糸同様、STANLEYにも西日対策を施したレンズがあり、こちらも平成一桁年代前半に登場したものだ。上のSTANLEYブツブツレンズと模様は同じだが、色が黒っぽく、点灯してもかなり暗い色合いなのが特徴だ。点灯していても暗い色合いであることから好き嫌いが分かれ、岩手県・山形県・茨城県・埼玉県など一部の県でしか採用されていない。250㎜、300㎜両方に使われている。日本信号・京三の鉄板やアルミ灯器との組み合わせが多いが、ごく稀に樹脂灯器との組み合わせもあった。

❸京三製の西日対策レンズ(スフェリカルレンズ)

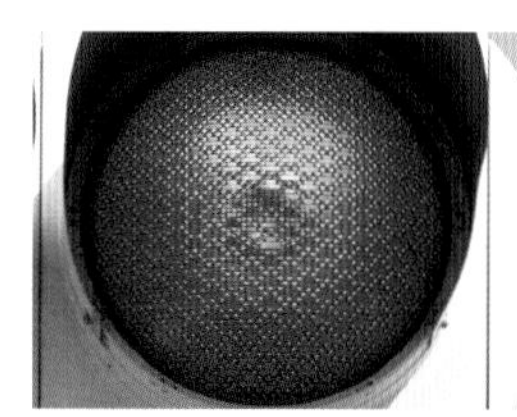

平成11年ころから京三のアルミ灯器に搭載されたレンズで、下から見ると球状の膨らみがあることからスフェリカルレンズと呼ばれている。レンズ状にハートのような模様があるのが特徴的である。西日対策が盛んであった千葉県や岩手県、茨城県などで多く導入された。300㎜のみのレンズである。

❹三協製のレンズ

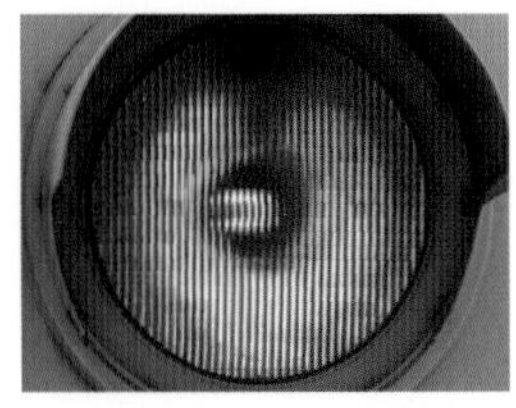

・三協網目レンズ

小糸やSTANLEYと同じく三協高分子が製造したと思われるレンズにも網目模様のレンズがある。こちらは前者に比べると透明度が低く、黄が点灯していないとき黄土色に見えるのが特徴だ。三協高分子が製造した樹脂丸型（小糸自社製の樹脂を除く）には基本的にこのレンズが搭載された。250㎜にも300㎜にも使用されている。

・三協蛇の目レンズ

平成一桁年台前半くらいから登場したレンズで樹脂灯器に主に使われているが、松下やオムロン銘板のアルミ灯器や京三製の鉄板丸型にもごく稀に使われた。六角形を並べた蛇の目模様。採用されず上記の三協網目レンズをそのまま設置した県もあった。250㎜にも300㎜にも使用されている。

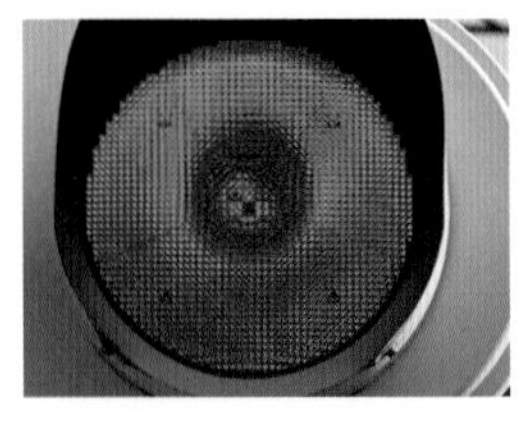

❺信号電材多眼レンズ

信号電材が開発した西日対策レンズ。色を黒っぽくするといった従来の方式と違う仕組みを使っており、当時としては西日対策の効果は高かったため、あちこちで採用された。平成２年ころより設置。斜め下から見ると光軸が4つに見えることから多眼レンズと呼ばれる。250㎜も300㎜もあるが、250㎜は数が少ない。信号電材のアルミ灯器のほか、日本信号のアルミ灯器にも搭載された事例が少ないながらある。

●LED信号機のレンズ（車両用）

車両用のLED信号機のレンズは主に4種類ある。

・素子式のもの

現在長きに渡ってLED信号機のレンズの主流となっている方式。LED素子が円状に配置されているのが目でわかるタイプ。LEDの素子の数はLED信号機登場当初は非常に多かったが、普及するようになってからは減少した。

・素子式のもの(面拡散タイプ)

こちらもLEDの素子が見えるタイプだが、擦りガラスのようなレンズを使用し光を拡散させることにより、少ないLED素子の数で光が円形全体まで行き渡るように加工がなされたレンズ。LEDの光る部分がダイヤモンドのような形になっているのが特徴だ。日本信号・京三のLED信号機に採用されており(星和・小糸にも似たような仕組みのものあり)、現在でも日本信号製のLED灯器(低コスト信号機)に使用されている。

・プロジェクタータイプ(京三・日本信号)

こちらはLED信号機が採用され始めて割と初期、平成14年ころに設置されていたモデルだ。LED素子が見えないタイプ。中心にLED素子を集中的に配置し、二重構造のレンズを使って全体に光が行き渡るように工夫されたもの。LED素子が通常の素子式に比べて少なく済み、コスト削減に繋がるが、西日が当たると全体的に白っぽい色になり見づらくなるという欠点があったため、茨城県・京都府・神奈川県・奈良県など一部の県を除きあまり普及しなかった。その後、プロジェクタータイプを採用していた県でも素子型に移行していった。レンズの模様はギンガムチェックのようなものだ。

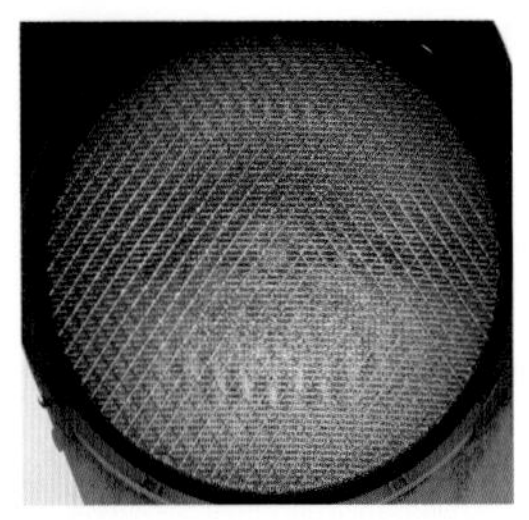

・レンズユニットタイプ（小糸）

プロジェクターLEDの小糸版。こちらも同様の仕組みで、使用するLED素子の数を大きく減らしたもの。やはりLED信号機の導入が早い一部の県でしか普及しなかった。レンズの模様はひし形を並べたような形。

●歩行者用信号機のレンズ

・小糸ガラスレンズ

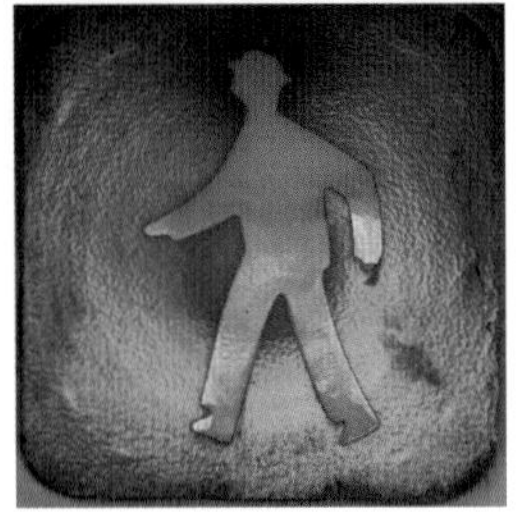

昭和40年代から昭和50年代前半の小糸の古い歩行者用信号機に採用されているレンズ。ガラス製と思われ、質感が他メーカーとだいぶ異なり、ステンドグラスのようなイメージだ。色も独特で青が水色、赤が橙色。劣化すると赤の橙色が薄くなり非常に白くなりやすい。また割れたりしているものもちらほら見られ、レンズのみ後代のものに交換されていることも多い。

・小糸網目レンズ（古いもの）

小糸のガラスレンズ製造終了後、昭和50年代前半～昭和60年くらいまで設置されたタイプ。模様はきめ細かい四角のもの。他社製とは色合いが異なり、青が緑がかった水色、赤がピンク色っぽい赤といった印象。

・小糸レンズ（新しいもの）

小糸の昭和60年くらいから平成の電球式信号機が製造終了になるまで採用されていたレンズ。上のものからがらっと色合いが変わり、青・赤ともに濃い色に変更になった。レンズ自体は丸い粒々した印象があるもの。

・小糸西日対策レンズ

歩行者用信号機にも西日対策を施したレンズが存在する。

ただ車両用信号機の西日対策のほうが重要と考えられているようで、車両用信号機の西日対策レンズを積極的に採用している県でも、歩行者用信号機は西日対策レンズを採用していないという県も多い。

・ツルツルレンズ

おそらく昭和42年くらいまで使用されていた、模様がないツルツル状態のレンズで、京三・日本信号の歩行者用信号機に採用された。視認性に劣り、かなり年数も経っていたことから、筆者が積極的に活動し始めた平成26年時点で大分県の1箇所に残存したのみだった。

・網目レンズ（人形不透過）

上のツルツルレンズの後、昭和40年代前半〜昭和50年代前半まで京三・日本信号の金属製の歩行者用信号機に採用されたレンズ。人形の透明度が低くクリーム色になっている。青が黄緑色っぽく赤がオレンジ色っぽい。老朽化すると茶色っぽくなり非常に視認性が悪く、レンズのみ新しいものに交換されている事例も多い。近年はこの世代のレンズを使った信号機はかなり少なくなっている。

・網目レンズ（人形クリア）

上のレンズの次に登場した。昭和50年代前半〜平成の電球式信号機製造終了までの京三・日本信号の金属製の歩行者用信号機には、基本的にこの種類の

レンズが採用された（細かく分ければ多少色合いが何度か変わっている）。色合いが上のものとがらっと変わり、青・赤とも透明感の高い明るい色になっている。人形も透過するように変更された。

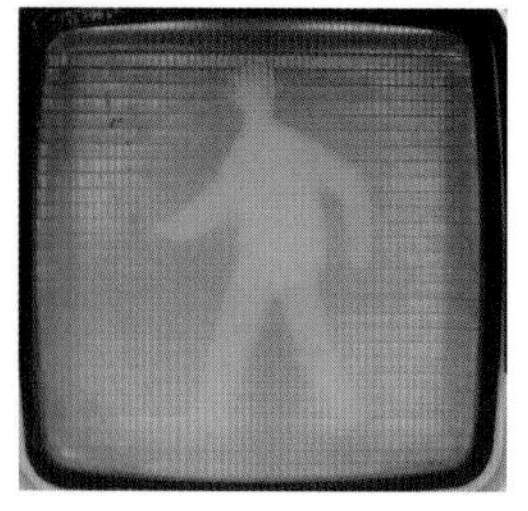

・インターレスレンズ（人形不透過）

昭和40年代後半ころから昭和50年代前半までの、京三・日本信号・松下などの樹脂製・FRP製の歩行者用信号機に使用されているレンズ。インターレス状の模様が薄くあることから、このような名称となっている。人形の透明度が低く、クリーム色となっている。こちらも金属製に使われている網目レンズ同様、劣化すると視認性の低下が著しいため、最近はかなり淘汰されている。

・インターレスレンズ（人形透過）

昭和50年代後半〜平成の樹脂製歩行者用信号機が設置されなくなるまでの、主に京三・日本信号・松下製などの樹脂製に使用されているレンズ。こちらもインターレス状の模様があるレンズで、人形の透明度が上記のものより高く、青・赤も明るい色に変更になっている。金属製の歩行者用信号機で主に使われているレンズよりも、消灯時に人形の形がわかりやすいなどの特徴がある。松下・オムロンなど樹脂製の歩行者用信号機を盛んに製造しているメーカーの金属製歩行者用信号機にも使われている。

・飴色レンズ

平成10年代前半、主に京三・松下製の金属製の歩行者用信号機に使用されたレンズ。レンズの模様自体は京三・日本信号などで使われている網目レンズ（人形クリア）なものと同じだが、色が黒ずんでおり、かつ透明度が非常に高い綺麗な色合いで、飴色レンズと通称されている。全国的にはあまり普及せず、奈良県・広島県など一部の県での設置にとどまる。

・煉瓦レンズ

上の飴色レンズの後、平成14年ころに登場した、こちらも京三・松下などの金属製・樹脂製の歩行者用信号機に使用されたレンズ。先代から模様ががらっと変わり、煉瓦を並べたような模様をしていることから、煉瓦レンズと呼ばれている。上記の飴色レンズよりは普及しており、奈良県・千葉県などでよく見られるほか、かつては東京都内でもよく見られた（現在はすべてLED歩行者用信号機に）。

・多眼レンズ（信号電材）

車両用同様、歩行者用にも信号電材の自社製の多眼レンズがあり、付いていないときも非常に人形がはっきりとしていて、レンズの色が濃いのが特徴。全国的にも広く普及したレンズで、西日対策がさほど盛んでない県でも採用された。

●LEDの歩行者用信号機のレンズ

車両用信号機に遅れて歩行者用信号機にもLEDが登場したが、大きく分けて3タイプのものがある（うち2タイプが普及）。

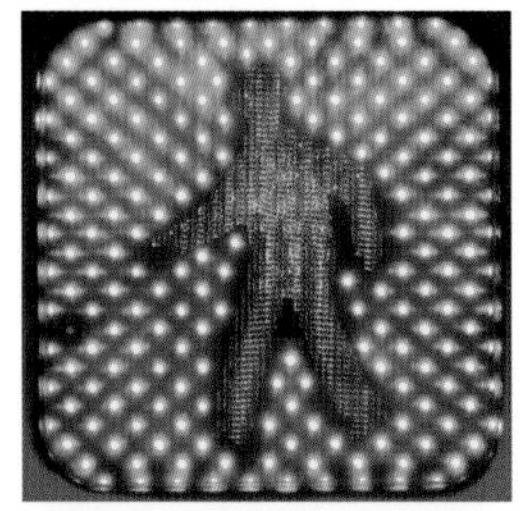
高松市のLED歩灯（小糸工業）

生駒市のLED歩灯（京三）

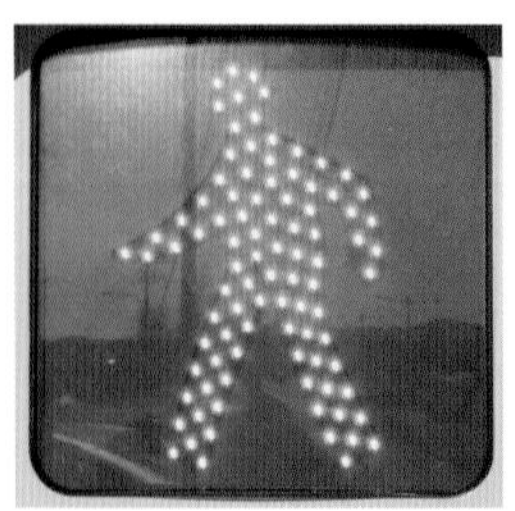

・電球色を再現したタイプ

LED式の歩行者用信号機をまだ試行錯誤していた段階に設置されたタイプ。電球式の信号機と同じく人形が白色、そのまわりが青ないし赤となっている。さらにその中でも2タイプあり、LED素子が等間隔で配置されているタイプと、擦りガラスのようなものが入っていてLEDの素子を拡散して色を綺麗に表現しているタイプの2種類がある。前者は香川県高松市に1箇所のみ、後者は千葉県浦安市と奈良県生駒市の合わせて2箇所にだけ設置されて、普及はしなかった。

・LEDの素子が見えない普及タイプ

全国的にも普及したタイプである。電球式信号機との大きな違いは人形の部分のみが青ないし赤に光るというところだ。光る面積がだいぶ小さくなってしまうが、それでもLEDならば視認性は確保できるということでこのタイプが普及したようだ。こちらはLEDの素子が見えないメッシュのかかったタイプで、東京都を除き全国的にはこちらが普及した。ただ平成25年に車両用信号機がコスト削減を図るため小型化されたのとほぼ同時に、次で紹介している素子が見えるタイプへ移行されていった。

・LEDの素子が見える普及タイプ

現在全国的に普及しているタイプである。LEDの素子が目に見えるタイプだ。東京都ではLED式の歩行者用信号機が普及した当初から基本的にずっとこのタイプを採用してきた。東京都以外では素子が見えないタイプがメインだったが、先述の通り現在はこちらを採用しているのが大半である。

9 銘板について

148ページで、銘板はその信号機の情報が記載されていると紹介した。ここではその銘板、特に形式に注目して、どのような意味になっているのか推測してみる。

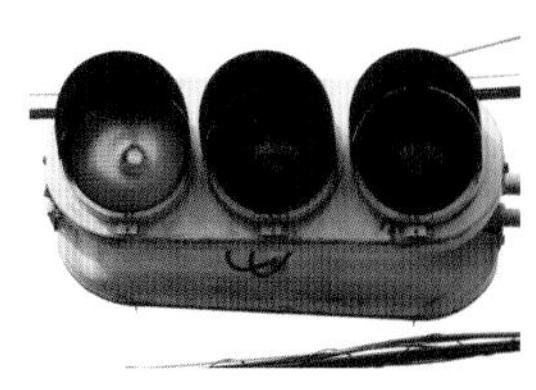

代表例として、小糸工業のものを取り上げる。

右の灯器は小糸工業の昭和50年代前半の古い金属製の信号機だ。銘板を見てみると金属製車両用交通信号灯器と一番上に書かれていて、金属製の灯器であることがわかる。続いて形式は、1H33S。1は片面灯器の1と思われ、次に紹介するような両面一体型の角形信号機は2となっている。Hは、横向きを表す"horizontal"の頭文字から来ていると思われ、この灯器は横型なのでHとなっているが、縦型の場合は縦向きを表す"vertical"の頭文字を取ってVとなっている。次の数字の3だが、これはレンズ径を表していると推測され、この灯器は300㎜なので3となっているが、250㎜ならば2、450㎜ならば4となる。その次の数字の3は灯数を表していると思われる。この灯器は青黄赤の3灯なので3となっているが、2灯式ならば2、4灯式ならば4となる。最後のアルファベットのSはSteelのSと思われ、鉄板製の灯器であることが示されていると推測される。小糸の場合、FRP灯器ならばこのアルファベットがF、樹脂灯器ならばポリカーボネートのPと表記される。

2番目のものは、同じ時期の両面一体型のレンズ径250㎜の角形信号機である。形式は2H23となっている。両面一体型だから最初の数字が2、横型なのでH、250㎜なので2、3灯式なので3である。この

ように簡単ではあるが、その灯器の情報が形式を見ればわかるというわけである。

10 信号機小史

ここでは信号機の歴史や変遷について少し触れる。

灯火を用いた信号機が世界で初めて設置されたのはイギリスで、イギリス人の鉄道技術者であったジョン・ピーク・ナイトという人物によって提案された。1868年、ナイトはロンドンにガスランプを用いた手動の信号機を設置した。その後なかなか普及はしなかったが、1914年にはアメリカでガスではなく電気式の信号機が設置。さらに1918年にはアメリカのニューヨークで3色灯の電気式信号機が登場。その後、自動車の普及に伴い、信号機は必要不可欠なものとなっていった。

日本の信号機は大正8(1919)年に都内の上野広小路交差点に「信号標板」という「進メ」・「止レ」の標識を付けた手動の標識が設置されたことがスタートだ。

その後昭和5(1930)年3月には日本で初めて都内の日比谷交差点にアメリカ・レイノルズ社製の自動式の信号機が登場した。この信号機は中央柱式で交差点の中央に置かれていたようだ。信号灯のレンズには片仮名で「ススメ」「チウイ」「トマレ」と文字が書かれていたそうである。翌年の昭和6(1931)年8月20日には、尾張町交差点(現在の銀座4丁目交差点)や京橋交差点など都内34箇所に自動式の信号機が設置。この日は「交通信号設置記念日」となっており、我々信号機マニアにとっては誕生日並み、いや、それ以上に重要な日としてお祝いしている。

信号標板

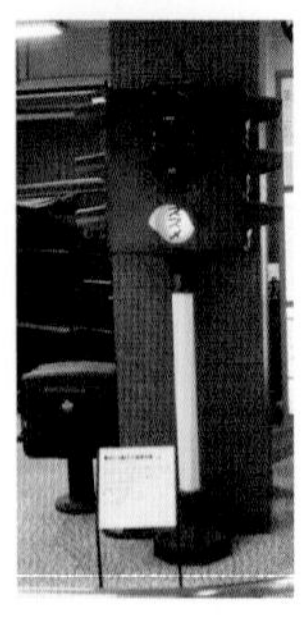
日本初の自動式信号機

戦後復興期においては、信号機に関する様々なルールなどが定められていき、昭和36（1961）年には両面に信号機を取り付ける方式が初めて導入。また当時は信号機の視認性が悪かったこともあり、鉄道用の信号機にならって、緑と白の背面板が必ず設置されていた。この背面板については現在でも信号機が目立ちにくいところなどでの設置が多数ある。

昭和41（1966）年には初めて歩行者用信号機が設置された。歩行者用の信号機はこの登場まで、車両用の信号機と同一のものに歩行者専用などの表示板を付けて運用していた。昭和50（1975）年には新潟県で初めて豪雪対策として縦型での信号機が設置された。その後は平成6（1994）年に世界初のLED信号機が愛知県に、すぐ後に徳島県でも設置された。徳島県のものは徳島県警本部前の交差点に現存しており、その交差点には全国初のLED信号機である旨を記載したプレートが貼ってある。

当時を思わせる昭和40年製の“歩行者用”のゼブラ付き角形信号機（愛知県海部郡蟹江町舟入4「河合小橋」交差点、撤去済み）。昭和40年時点で歩行者用信号機がまだ登場していなかったため、車両用の信号機を歩行者用として用いている

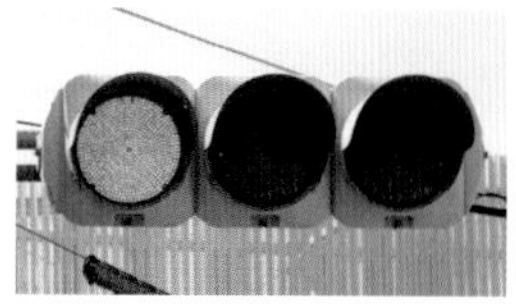

徳島県に今なお残る初期のLED信号機（平成6年製）

それを示すプレート

参考文献

・各都道府県警ホームページ
・道路交通法施行令

おわりに

令和４年の大晦日、我々信号機マニアにとってはビッグニュースが飛び込んできた。

それは「電球式信号機に使用する白熱電球が令和10年に製造中止」というもの。これまで書いてきた通り、現在は全国の７割近くがLED信号機へ交換され、今後もLED信号機への更新はますます進んでいくであろうことは自明であったが、このように明確に電球式信号機用の電球の製造中止が発表されたのはおそらく初めてのことである。東京都、福岡県、宮城県などLED信号機への交換がほぼ100%進んだ県においてはあまり影響はないのかもしれないが、電球式信号機用の電球が定期的に交換できなくなるとわかった今、地元の北海道や他の未だに電球式信号機のほうが多い県において、これを期にますます更新が進む可能性は高い。もっとも、電球が製造中止になったからといってストックはあるだろうし、すぐに全部が置き換わるということではないだろうが、電球式信号機のレアものが減りつつある今、筆者もそれらの再撮影やまだ撮影していないネタの撮影などに力を入れるべく身が引き締まる思いである。

ここまでも見てきたように、LED信号機はLED信号機で色々なネタはあるし、それぞれの楽しさはある。しかし今後も設置されていくであろう低コスト信号機については、基本的に1メーカーに対し１種類しかなく(庇あるなしなどのバリエーションがあるものの)、正直どの県に行っても同じタイプしかないという状況がどんどん増えていき、信号機マニアの楽しみは減ってしまうだろう。我々としては少しでも面白い信号機ネタが残っているうちに、できるだけたくさん撮影して廻ることが使命と考えている。ちなみに広島県や香川県、徳島県、埼玉県、群馬県などでよく見かけるが、電球式信号機を筐体をそのままに中の電球だけLED電球に取り替えたものも存在する。今後白熱電球の製造停止によってこういう対応をする県が増えていくのか、それとも新品のLEDでどんどん更新していくのか、その流れも見守りながら活動を続けていきたい。

そんな筆者だが、平成30年のタモリ倶楽部を筆頭に様々なメディアに取り上げて頂き、特にテレビには15回出演させて頂いている。自分は信号機以外にアイドル、特にAKB48が好きで、タモリ倶楽部で柏木由紀さんと共演できたときは思わず変わった趣味をやっていて良かったなと思ってしまったものだ。

その中で、番組を見てくださった信号機好きの子供をお持ちの親御さんから、ちらほらメールを頂くことが何度かあった。中には筆者のサイトを見て、珍しい信号機を探すきっかけになったという方や、テレビで紹介された交差点へ行ってみたという方もいた。メディアでの活動やホームページ作成で信号機に興味を持つきっかけになった方がいるというのは大変喜ばしいことだし、価値のあることだと感じている。信号機というマニアックな趣味にあって、なかなか詳しく取り上げた書籍がない中、この本に触れて少しでも信号機について知って頂き、興味を持って頂けたら幸いである。

丹羽拳士朗

プロフィール
丹羽拳士朗（にわ・けんしろう）

平成８年生まれ、北海道札幌市出身、北海道在住。北海道大学大学院卒業。

小学校６年生のときに自分が撮影した信号機の写真を掲載したホームページ「Let's enjoy signal!!」を開設し、令和５年で15周年。

平成29年９月には沖縄県で信号機撮影を行い、これをもって47都道府県すべてで信号機を撮影したことになる。基本的には宿泊はネットカフェ、飛行機はLCCを利用している。これまでに飛行機に212回搭乗・新幹線に122回、夜行バスに34回乗車し、ネットカフェに198泊宿泊。また47都道府県、491市165町14村（22の特別区）で信号機を撮影済みで北海道外への遠征を125回行っている（すべて令和５年末現在）。

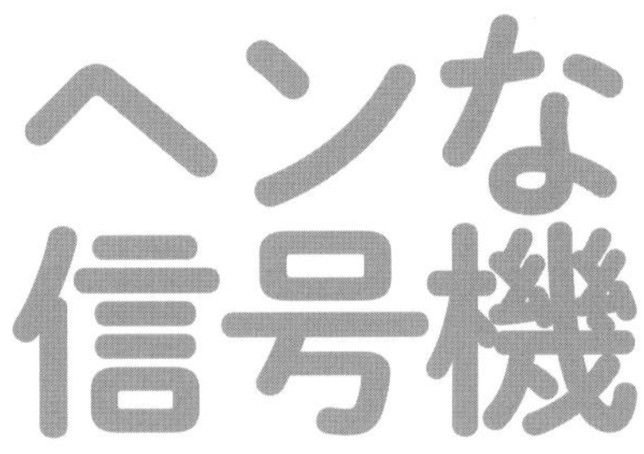

2024年2月29日発行

著者　丹羽拳士朗
発行人　山手章弘
発行所　イカロス出版株式会社
〒101-0051
東京都千代田区神田神保町 1-105
TEL:03-6837-4661（出版営業部）
印刷　日経印刷株式会社